知りたい！サイエンス

化学物質はなぜ嫌われるのか

「化学物質」の
ニュースを読み解く

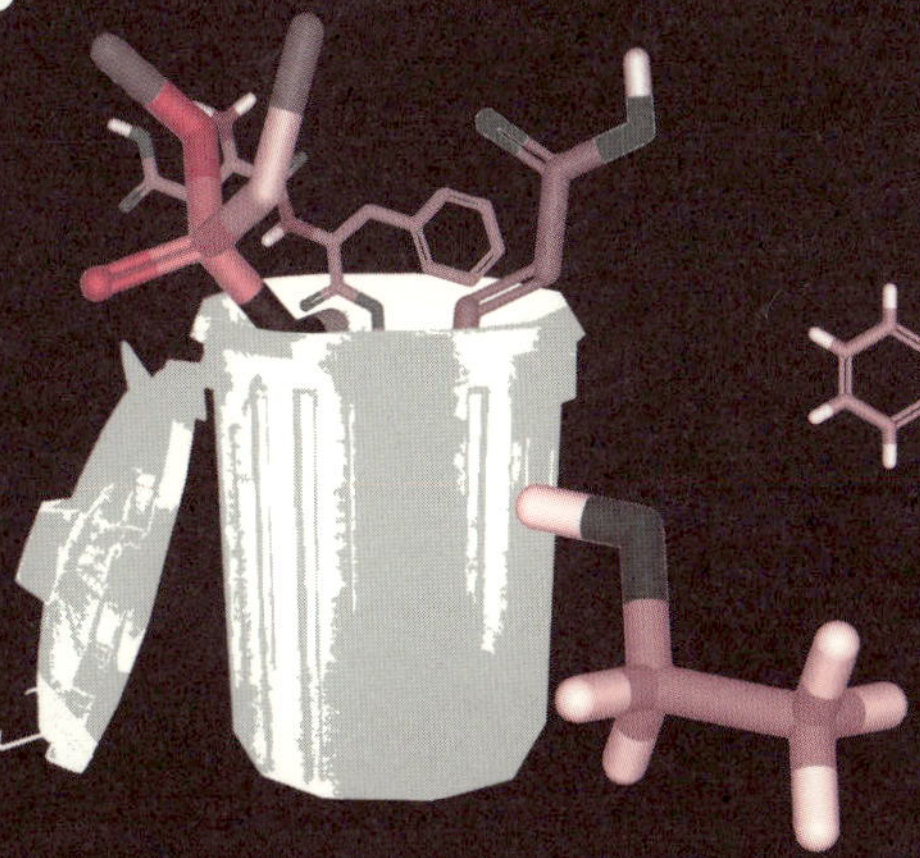

佐藤健太郎＝著

テレビ、**新聞**、**雑誌**など、**メディア**の中で、
化学物質の話題がとりあげられるとき、多くの場合、
それは悪い**ニュース**だ。
化学物質はなぜ嫌われるのか？
私たちの生活に深く関わり、私たちの体を支えてもいる**化学物質**の
存在についていっしょに考えてみよう。

技術評論社

まえがき

日本に、化学物質アレルギーが広がっているようです。何であろうと「化学物質」が入っているというだけで毛嫌いし、まるで病原菌でもあるかのように神経質にこれを避けたがる人たちが増えている、という意味です。

実際、ちまたには「化学物質の恐怖」を煽る本が溢れています。発ガン性物質が身近な食品に入っている、健康をむしばむ物質が毎日使う日用品に入っている——と言われれば、何を信用してよいかわからなくなるのも当然でしょう。

また毎日のニュースに化学物質が登場する時は、たいてい悪いニュースです。シックハウス、タミフル、メタミドホス、硫化水素といった名前を毎日聞かされていれば、「化学物質」なるものは全て危険で、この世から完全に排除すべきものと思われても仕方ないかもしれません。

しかし化学物質の危険とは言われるほどのものなのでしょうか？　実際には、不誠実な業者が過度に恐怖を煽ることで利益を得ようとしているケースが、残念ながら少なくありません。また日本人は諸外国に比べ、少々リスクとのつきあい方が下手なのも事実であるようです。

本書は、そんな状況を少しでも正すために書かれたものです。もちろん筆者も、あらゆる「化学物質」が全て無害だなどと主張するつもりはありません。水銀やカドミウム、ＰＣＢなど危険な化合物はたくさんあり、これらに対しては常に警戒を怠るべきでないのは当然です。しかし実際上さほどの害がないと思われるものばかり気にして、本当に危険なものへの注意がおろそかになるのでは何もなりません。そして実際には、危険度の優先順位が間違っているのではないか、と思うケースは少なくないのです。

またこれと逆に、いわゆる健康食品についても1章を割いています。食べるだけで健康になる、美しくなると称するこれら食品に、高いお金を出す価値はあるのか？実のところ、大した効果がないどころか、摂りすぎると危険なものさえあるのです。さらに最終章ではいくつかの薬を例として取り上げ、何かと議論を呼ぶことが多い医薬の安全性、リスクについて述べました。

本書に述べた内容には、いわゆる「世間の常識」とはだいぶかけ離れたものもあります。特にダイオキシンやタミフルなどの項目は、簡単に納得いただける内容ではないかもしれません。しかしここに書かれたことは筆者の個人的な思いこみなどではなく、学界で多くの専門家が支持しているものであり、現状でのデータから導き出される「正論」であると考えています。先入観を捨て、虚心に読んでいただければご理解いただけるものと信じます。

なおこの本は、筆者がホームページ「有機化学美術館」(http://www.org-chem.org/yuuki/yuuki.html)に発表したものを元に、大幅に加筆して最新情報を盛り込んだものです。また、筆者はかつてある製薬会社の研究所に在籍したことがありますが、この本で取り上げた化合物の製造元・販売元とは、過去にも現在にも一切の利害関係を持っていないことを、念のためお断りしておきます。この本が、読者の化学物質に対する正しい理解、リスクとの上手なつきあい方につながることだけが、筆者の念願です。

この本をまとめるに当たり、お世話になりました技術評論社の伊東健太郎氏(筆者とは一字違いです)、いちいち名前は挙げませんが、公私両面でご支援をいただきました家族・友人に御礼申し上げます。こうした方々の協力なくして、この本が世に出ることはありませんでした。この場を借りて、改めて感謝申し上げる次第です。

２００8年5月

佐藤健太郎

目次

第1章 リスクと向き合う ⑬

第2章 環境問題 ㊴

第3章 食品不安

第5章 医薬の光と影

第1章

リスクと向き合う

1-1 環境問題の難しさ

わかりにくい危機

地球環境に関する問題が、現代を生きる我々にとって極めて重要な課題であることは今さらいうまでもありません。極端な話、環境の悪化によって人類が存続できなくなってしまえば少子化も格差社会もあったものではないのですから、環境問題は現代の地球上にあって他の何よりも優先されるべきテーマであるといってもいいでしょう。

近年多くのメディアでも環境問題が取り上げられるようになり、人々の関心も急激に高まりつつあります。環境に関するイベントが各地で開かれたり、専門の雑誌が発刊されたりしていますし、ゴミの分別・リサイクル、アイドリングストップといった運動はもはや市民の常識といってよい域に達しています。また近年では「ロハス」と称する、環境と健康に配慮した新しいライフスタイルなども提唱され、注目を集めているようです。

もちろんこうして環境問題に関心が高まるのはよいことではあるでしょう。が、問題とすべき事柄を間違えたり、目につきやすい小さなことにとらわれて本質を見失ったりというのでは何もなりません。ところが環境問題に関するニュースというのは、えてして何が正しいのか、何が重要なのか素人には――いや、専門家であってさえはっきりわからないケースが少なくありません。「二酸化炭素は地球温暖化の原因ではない」と主張する人もいますし、かつて騒がれていた危険な化学物質が、いつの間にかニュースに上らなくなっていることもあります。なぜ環境問題に関しては科学者の意見が割れたり、定説だと思われていたことが覆ったりといったことがひんぱんに起こるのでしょうか?

一つには、「因果関係のわかりやすい問題はすでに解決し、難しい事柄だけが残ってしまっているから」です。例えばかつて大きな社会問題であった「公害」は、ある工場がメチル水銀や硫酸などの有毒化合物を適切に処理せずに海や大気に放出していたから、というはっきりした理由がありました。現在ではこれらの原因が明白な公害にはきちんと対策が打たれ、以前のような大きな問題が起こることはほとんどなくなりました。

しかし近年問題になっている事柄は、規模が一地区にとどまらず全地球スケールであったり、生体の複雑なシステムに絡むものであったりするため、解析が難しいものばかりなのです。こうなってくると、ある結果が見えていてもその原因はいくつも考えられることが多く、解決も一筋縄ではいきません。

例えば現在地球温暖化の原因は「人類の工業活動による大気中の二酸化炭素濃度の上昇」であるといわれていますが、これが定説になるまでの道のりは単純なものではありませんでした。確かに二酸化炭素濃度が上がれば、地球が太陽から受け取った熱が宇宙空間に逃げにくくなり、気温が上がることは予想されます。しかし単純に「人間がどんどん二酸化炭素を出したから暑くなった」と両者を結

地球を暖めているのはCO_2なのか？　その判定は非常に難しい

びつけてしまうのは早計なのです。

地球の気温が上がるには、他にもいろいろな要因があり得ます。太陽活動の活発化なども重要な要因ですし、長期的な気候変動の一環であって人間の活動とは関係ないかもしれません。また二酸化炭素以外にも水蒸気、メタン、フロンなど温室効果ガスはたくさん存在します。こうした様々な仮説を、様々な実験・データ収集・シミュレーションを積み重ねて全て排除し、初めて「地球温暖化は二酸化炭素が原因である」ということがいえるようになるのです。

このような状態を、東京大学の渡辺正教授は「群盲象を撫でる」という仏教説話にたとえています。暗闇で象を触ると、足に触ったものは「象とは太い柱のようなものだ」というでしょうし、鼻に触ったものは「ホースのようなもの」、耳に触ったものは「ごわごわした布のようなもの」とそれぞれ違ったことを主張することでしょう。これと同じで、複雑で見えにくい対象を相手にする環境問題では、いろいろな人が手探りで少しずつデータを集め、長い話し合い・論争を経て徐々に完全な姿を探っていくよりないことが多いのです。新しいデータの出現により、それまで常識とされていたことが180度ひっくり返ってしまうことも珍しくありません。本書では、執筆時点でのできる限り正確な科学的事実を述べるよう努めていますが、数年後にはこれらがまったく陳腐なものになっている可能性を筆者は否定しません。

単純な論理には罠がある

前述したように、複雑な問題を相手にするときは、原因と結果は単純な1対1対応をするわけではありません。しかしえてして人間というものは、ある原因と結果を見ただけで思いつく、最も安易な理由に飛びついてしまいがちなものです。何より問題なのは、ある特定の思想・予断などを持った人が自分の都合のいいデータだけを寄せ集め、もっともらしいストーリーを組み立ててしまうことがいくらでも可能である点です。

例えば「タバコを一定数以上吸う人は、アルツハイマー病にかかる割合が低い」というデータがあります。これはウソでもなんでもなく、統計学的に見て間違いのない事実です。では喫煙の習慣は脳によい影響をもたらす、といってしまってよいのでしょうか?

実際には、タバコにはそうした作用は今のところ見つかっていません。実はタバコを吸う人はガンなどの発症率が高いため、アルツハイマー病を発症するまで生き延びる率が低いからだ、というのが正解です。うっかりするとだまされてしまいそうな話です。

もう一つ例を挙げれば、「今の日本でガンが増えているのは、食品添加物などの化学物質の影響だ」と主張する人がいます。確かに現在日本人の死因の1位はガンであり、その割合はさらに増え続けているのは事実です。ではこのロジックを簡単に認めてしまってよいのでしょうか?

この論理の欠陥は、日本人の平均寿命が伸び続けているという単純な事実を見落としている（あるいは故意に見落としたふりをしている）点にあります。ガンはその性質上、年を取るほどかかる確率が上がっていく病気です。一方、かつて死因の上位を占めていた結核や脳卒中などの病気は、医薬の進歩などによってかなり治療・予防が可能になっています。要するに、かつては若い人の命を奪っていた病気がほぼ駆逐されたために、いまだ治癒率の低い病気であるガンによる死亡率が相対的に上昇しているに過ぎません。非常に乱暴な言い方をすれば、医療の進歩のおかげで今や日本人はガンくらいでしか死ななくなった、という方が真実に近いのです。

このように環境・健康をめぐる問題には、原因と結果が単純に対応しない複雑なケースが少なくありません。しかし人はえてしてわかりやすい話に飛びつきがちであり、また一見科学的な数字を並べられると深く考えることなくその結論を受け入れてしまいたくなります。罠はそこら中にあり、新聞やテレビなどでもかなりひどい情報を平然と流していることも少なくありません。また「○○は体に悪い」「××を食べれば健康になれる」という話は人の目を引きつけますので、かなりひどい商売が横行しているのもまた事実です。その影響を完全に防ぐのは極めて難しいことではあるでしょうが、一人ひとりが正しい知識を身につけること、「この話には何か裏があるのではないのか？」と自分なりに検証を行う癖を皆がつけていくことで、少しずつ変わっていくよりないのではと思います。以下、いくつか例を挙げながら考えていきましょう。

1-2

ゼロリスクという幻想

恐怖の化学物質DHMO

１９９７年、ネイサン・ゾナー君という14歳の少年が書いた「我々はどのようにしてだまされるのか」というタイトルのレポートがアメリカの科学フェアで入賞し、マスコミにも取り上げられて話題を呼びました。彼は**DHMO**という化学物質の害を指摘し、この物質の使用規制を求めて周囲の50人の大人に署名を求め、うち43名のサインを得ることに成功したのです。彼の挙げたＤＨＭＯの危険性は次のようなものです。

1. 酸性雨の主成分である
2. 強い温室効果を持ち、地球温暖化の原因となっている
3. 高レベルのＤＨＭＯにさらされることで植物の成長が阻害される
4. 末期ガンの腫瘍細胞中にも必ず含まれている
5. 固体状態のＤＨＭＯに長時間触れていると、皮膚の大規模な損傷を起こす

❻ 多くの金属を腐食・劣化させる
❼ 自動車のブレーキや電気系統の機能低下の原因ともなる

そしてこの危険な物質はアメリカ中の工場で冷却・洗浄・溶剤などとして何の規制もなく使用・排出され、結果として全米の湖や川、果ては母乳や南極の氷にまで高濃度のＤＨＭＯが検出されているとネイサン君は訴えました。さてあなたならこの規制に賛成し、呼びかけに応じて署名をするでしょうか?

鋭い人ならお気づきの通り、ＤＨＭＯ（dihydrogen monoxide）は和訳すれば一酸化二水素、要するにただの水（H_2O）です。読み返していただければわかる通り、ＤＨＭＯの性質について隠していること、多少大げさに言っていることはあっても、ウソは一つも入っていないというのがミソです。これと同じような要領で、身の回りのあらゆる品物について危険性を指摘することも可能でしょう。「皮膚に通じるだけで火傷を引き起こし、重度であれば死亡に至る。発生する火花には多くの引火・爆発事故の原因になっている」といえば電気のことですし、「コーラな

図1.1　恐怖の化学物質？ DHMO

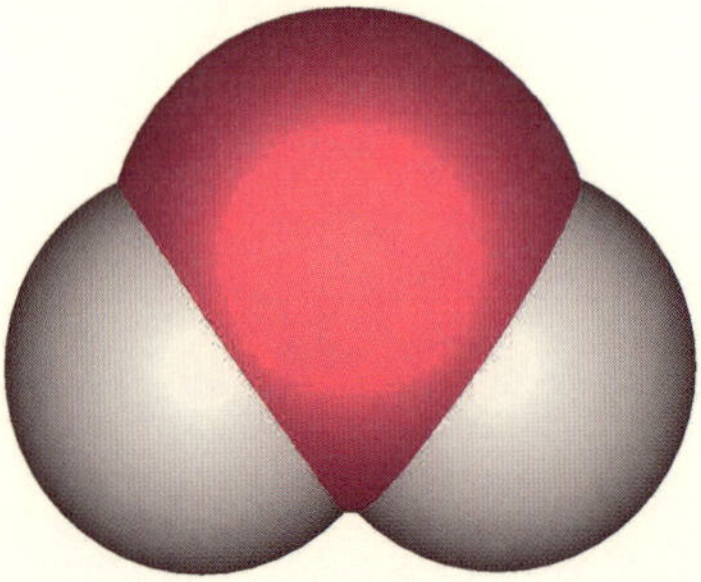

どよりもはるかに高カロリー・高脂肪であり、大量摂取すれば下痢などを引き起こす。雑菌の繁殖を招きやすく、毎年多くの食中毒患者を発生させている」といえば牛乳です。身近な、日常何気なく使っているものであっても、恣意的に危なそうな事柄だけを取り出せばいかにも危険なもののように見え、規制の対象とさえなりかねない——。ネイサン少年の指摘は、なかなかに重い意味を持っているように思えます。

悪魔の証明

食品添加物、環境ホルモン、トランス脂肪酸、大豆イソフラボンなどなど、身近で使われていた物質がある日「体に悪いのでは」と疑いをかけられることはよくあります。当然疑いのある物質は、毒性試験などさまざまな実験によって検証を行わねばなりません。が、実際のところ、いくら検証をしてもいったんかけられた疑惑が完全に晴れることはほとんどありません。いくら実験データを積み重ねても「動物実験では本当のところはわからない」「未知の作用があるかもしれない」「他の物質と複合的に作用するかもしれない」など心配のしようはいくらでもあります。我々にできることはしょせんデータからの推測でしかなく、最終的にはそれこそ大規模な人体実験でもしない限り、疑いを完全に晴らすことはできません。**「危険性を訴えることは無限にできるの**

に、誰もが納得できる安全証明はほとんど不可能」なのです。

言ってみればこれは、ネス湖をいくら大規模に捜索したところで、「ネッシーはいない」という証明にはならないのと同じことです。未知の地下水路や岩陰にネッシーが隠れ潜んでいるといった可能性がゼロとはいえない以上、科学者としては「これだけ捜して骨一本見つからないのだから、いないと考えるのが妥当なのではないか」という程度のことしか言えません。「○○は存在する」という証明は証拠一つ挙げればいいから簡単ですが、「○○は存在しない」という証明は非常に難しく、これは化学物質の安全に限らず自然科学全体につきまとう問題です。

化学物質の害を訴える本やニュース、新聞記事は日常数多く見かけます。もちろんこれら全てが「針小棒大」「言いがかり」などということはなく、重要な鋭い指摘を行っているものもたくさんあります。しかし筆者が見る限りでもこうした報道は玉石混淆《ぎょくせきこんこう》で、中にはずいぶんひどいものも混じっています。しかもこうした問題はマスコミにかかると、害を指摘する方が「正義」の側、安全だと主張する方が国や大企業の意向で動く「悪」の側と、単純な図式に当てはめられてしまいがちです。また「○○は危険だから全廃せよ」と叫ぶのは簡単ですが、「○○は安全である」という方は何かあった場合責任を負わねばならないわけで、よほどの覚悟と自信がない限りなかなか「安全宣言」をできるものではありません。危険を叫ぶのは誰でもできて商売にもなりますが、安全を立証する方は負担が大きくリスキーで、えてして得るものは多くありません。かくして世の中には「危険な食べ物」「恐るべき化学物質」という報道がはびこっていくわけです。

こうした「恐怖商法」を見分けるコツのひとつは、きちんと数値を示しているかどうかを見ることでしょう。「○○を食べた実験動物に××という症状が現れた」という記述に、いったい何グラム食べたらそうなるのかを明示していない本は怪しいと見ていいでしょう。食塩は体に必須の食品ですが、200グラム食べれば死に至るわけですから。

また、あまりにあらゆることを簡単に断言する人の言説は疑ってかかるべきともいえます。先に述べた通り完全な検証というのは不可能に近いのですから、科学者としての訓練をきちんと受けている人ほど、「～の可能性がある」「～と現在のところ推測される」といった、一見歯切れの悪い言い回ししかできないものなのです。

もうひとつ、一方的に問題点だけをあげつらい、そのもののもたらす利益を全く無視した記述も問題があります。身の回りのものに必ずリスクがあるのと同様、利益も何かしらあるものです。この両者のバランスをきちんと評価し、利益がリスクを十分上回る場合にのみそれを使う、というのが本来の正しい化学物質との付き合い方でしょう。特に日本では「何が何でもリスクをゼロに」というやや感情的な主張がまかり通りがちですが、実際にはどんなものであろうとゼロリスクということはありえません。恐怖商法に踊らされないため、我々がＤＨＭＯの話から汲み取るべき教訓はその点にあるのでしょう。

1-3 リスクの許容ライン

ベンゼン含有飲料は危険か？

前項で述べたように、添加物など意図的に食品に加えられる化学物質には、それぞれのメリットとデメリットがあります。しかし製造者の意図に反して混入する、何一つ益のない物質も当然あります。こうした物質はもちろんできる限り除くに越したことはないのですが、では全くのゼロを目指すべきかというと、これもそう単純な話ではないのです。

例えば『新・買ってはいけない４』では、「ベンゼン含有の可能性があるドリンク」という題名で数種の清涼飲料水・ドリンク剤が槍玉に挙げられています。**ベンゼン**は石油などの成分で、かつては溶剤として多量に使われていましたが、発ガン性があるとして現在では使用が減っています。そして飲料に含まれるベンゼンの割合は10ppb以下と法律で規制されているのですが、２００６年にこの基準値を超え

図1.2　ベンゼン

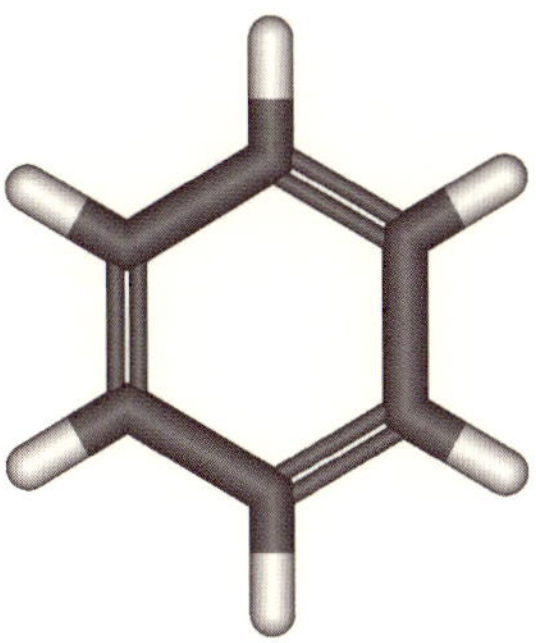

ていたいくつかの商品が回収されるという一件があったのです。もちろんそれが健康に大きな影響がない量であったとしても、法規制を守っていなかったメーカーに対して処罰がなされるのは当然のことであり、これらの商品は自主回収、販売中止となりました。

『新・買ってはいけない4』では、食品添加物である**安息香酸**《あんそくこうさん》（図1・3）と**ビタミンC**（図1・4）の反応によってベンゼンが生成するという研究結果を挙げ、これがベンゼン混入の原因としています。そして同書はここからさらに踏み込み、この両者を添加物として含んでいるいくつかの清涼飲料水を「ベンゼン混入の疑いあり」として、実名・写真入りで掲載しているのです。ここで挙がった商品に実際にベンゼンが含まれているというデータは一切ありませんし、他にも安息香酸とビタミンCを含む飲料はたくさんあります。なのに「可能性がある」というだけで数商品だけが名指しであげつらわれるのでは、メーカーとしてはたまったものではないでしょう。

　同書ではこれら商品の製造元に問い合わせをし、「ベンゼンは水道水や大気などの自然界にも存在しており日々吸入しているもの」「べ

図1.3　安息香酸

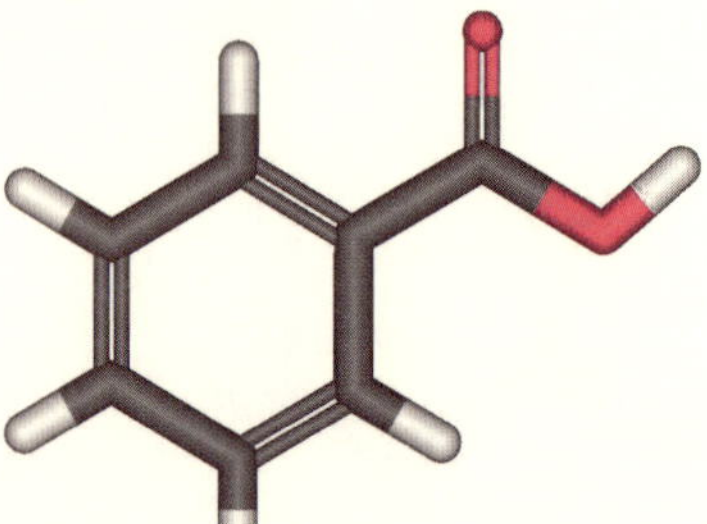

図1.4　ビタミンC

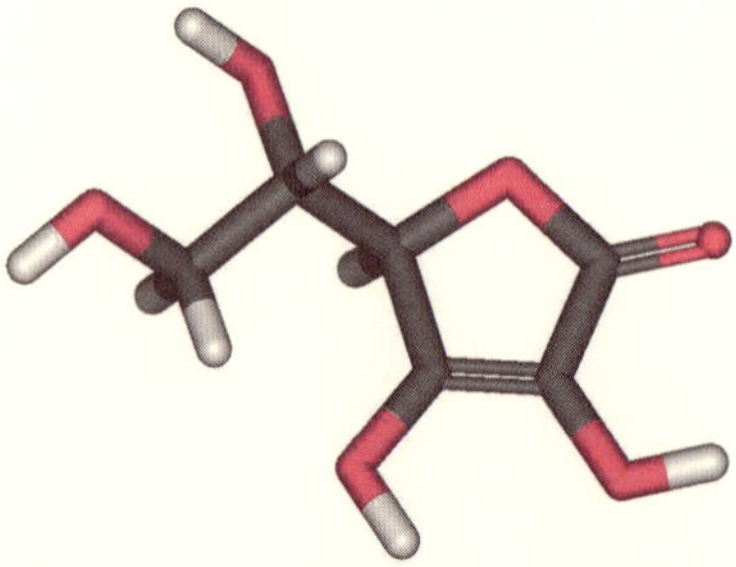

ンゼンは微量。成分の見直しはしない」という回答を受けてこれを大いに非難しています。さらに「子供や病人の方も飲むものにベンゼンが含まれているなど、あってはならないことではないでしょうか」とメーカーの姿勢を激しく糾弾し、「こうした消費者保護の視点がないメーカーの商品は、買ってはいけません」と結んでいます。これは一見全く正しい主張のようですが、実はこの話はメーカー側の言い分に理がありま す。

まず先ほどppbという単位が出てきましたが、これは全体の10億分の1を意味します。「1ppbのベンゼン含有」といった場合、1トンの飲料に対し耳かき一杯にもならない量のベンゼンが混じっているということになります。別の言い方をすれば、今の全世界人口のうちの6～7人、あるいは約32年のうちの1秒という割合が「1ppb」です。これだけの微量成分を取り除くのがいかに技術的に困難か、できたとしても非常なコストを要することになるかは想像いただけるでしょう。そのコストは当然、価格上昇として消費者のフトコロにはね返ってきます。

値段がいくらになろうとメーカーは絶対に発ガン物質をゼロにすべきだという方もいるでしょうが、実はこれにはあまり意味がありません。先ほども述べた通り、ベンゼンは石油の成分でもありますので、車の排気ガスなどにも微量含まれています。

1ppbのベンゼンを含む飲料を500ミリリットル飲むと0・5マイクログラム（μg）のベンゼンを摂取することになりますが、実は我々が毎日吸っている大気は1立方メートルあたり3マイクログラム程度のベンゼンを含んでいます。こうした空気や水のもとで飲料を製造している以上、ベンゼンの含有量をゼロにすることはできません。そもそもごく普通の環境で呼吸をしているだけで、我々は空気中からどんどんベンゼンを吸い込んでしまうのですから、飲料のベンゼンを絶無にしたところで発ガンのリスクはほとんど下がりません。

とんでもない話だ、ならば空気中のベンゼンもなくせ——という主張をする人ももちろんいるでしょう。実際、この10年ほどの石油メーカーの努力によって、ガソリン中のベンゼン含有量は以前の1／5ほどへ削減され、これによってベンゼンの大気中濃度も30パーセント程度減少しています。とはいえこれをゼロに持っていくのは、自動車を使用禁止にでもしない限り無理な話でしょう。実のところベンゼンは有機物の不完全燃焼でも発生しますので、たとえガソリンエンジンをこの世から全てなくしたとしても絶無にはなりえません。

リスクはつきもの

こうした事情は他の多くの化学物質、あらゆる事象でも同様で、どこまでも細かく見ていけばどんなものにでも必ずリスクはつきまとうものです。例えば都市ガスには爆発の危険が、車には事故の危険が、スポーツにはケガや心臓発作などの危険があるわけで、どれだけ気をつけても我々の周りのリスクはゼロにはなりません。またあるリスクを削減しようとすると、逆に他のリスクが高まってしまうこともあります（トレードオフ）。例えばケガを恐れて運動を全くしなければ、肥満などを招いて成人病のリスクは逆に高まり、寿命は縮んでしまうことでしょう。こう考えてくるとリスクというものは、ある程度減らすことはできても皆無にするのは実際上不可能で、極端に厳しくリスクを排除しようとするとこの世にはできることも食べるものも全くなくなってしまうのです。

では我々は生きていく上で、どのくらいのリスクを許容すべきなのか——。ロンドン大学のジョン・エムズリー教授は、「1万分の1以下のリスクなら、受け入れるのが現代人の姿勢だろう」と提案しています。これがどのくらいの数字かというと、母親が出産時に亡くなる確率、三つ子が生まれる確率がいずれも1万分の1レベルであるそうです。身の回りに三つ子がいるかどうかを考えれば、この数字はある程度誰でも受け入れられる数字なのではないでしょうか？　また交通事故で亡くなる確率もほぼ1万分の1前後ですから、我々はすでにこのリスクを受け入れて現代の車社会を生きているともいえます。

ちなみに先ほどの例でいえば、大気中のベンゼンによってガンを発症する人は、約10万分の1レベルであると算出されるそうです。それを思えば、空気や飲料中のベンゼンを気にするより、交通事故に気をつけるか、肥満解消のために運動の一つもした方がよほど身のあることだとわかるでしょう。もしかすると必要以上に有害物質に神経を尖らせ、あれこれ気に病んでストレスを抱えながら生きていくことの方が、ベンゼンなどよりもよほどハイリスクな事柄であるのかもしれません。

もちろん単純に「何分の1」と数字で割り切ることのできないケースもたくさんあるのは当然です。しかしリスクを正しく評価しながら優先順位をつけて対処しようという姿勢は、今後さらに重要になると筆者は考えます。高価な無添加食品を買い込み、健康グッズに囲まれながら、数十万人が死亡する可能性がある新型インフルエンザに対して何の備えもしていないなどというのは、本来極めておかしな状態なのではないでしょうか？

1-4 「天然」と「合成」

「合成品は悪者」という公理

「有機合成化学者」である筆者にとって大変残念なことに、「合成」「化学」という言葉のイメージは現在極めて悪いようです。「合成」「化学」とつけば全て体に悪いもの、「天然」「自然」とつくものは全てよいものというイメージであり、「天然素材なので体に安心」「合成添加剤は一切使用しておりません」といったフレーズはちまたに溢れています。手元にある新聞の一面広告には〝「天然」と「合成」、あなたならどちらを選びますか？　我々は「天然」を選びました〟と堂々と大書されています。「化学合成」は悪、「天然」は善というのは、もはや証明不要の「公理」となっているようです。

しかし我々化学者の目から見れば、天然品か合成品かという区分は実はあまり意味がありません。フグやトリカブトの毒は天然から得られるものですが極めて危険な化合物ですし、化学的に合成された化合物にも実際上無害な物はいくらでもあります。危険な化合物かどうかの判定は、あくまで個々の化合物に対してなされるべきで、出自で区別する意味はありません。「植物生まれだから肌に安心」といったキャッチフレーズもよく見かけますが、皮膚細胞に化合物が天然物か合成品かを見分ける機能がついているわけではないのです。

また、天然にある化合物を人工的に合成することも可能です。**砂糖**（図1・5）はサトウキビから採ることもできますし、化学合成の技術を使って他の化合物（例えば石油）から作り出すこともできます。サトウキビから製造された砂糖と化学者がフラスコ内で合成した砂糖は全く同じ化合物で、どう分析しても両者を区別する方法はなく、また区別する意味もありません。一つひとつの原子には個性はありませんから、その結合の仕方さえ同じであれば、作られ方がどうであろうが全く同じ性質を示すのは当然のことです。このあたり「天然」「化学合成」ということに関しては、極めて根の深い誤解がはびこっているように思えます。逆に言えば、「天然」「自然」商法のイメージ戦略が非常に成功しているということでもあるのでしょう。

筆者は長年医薬品の研究に従事し、何千という化合物の、生体に

図1.5　砂糖

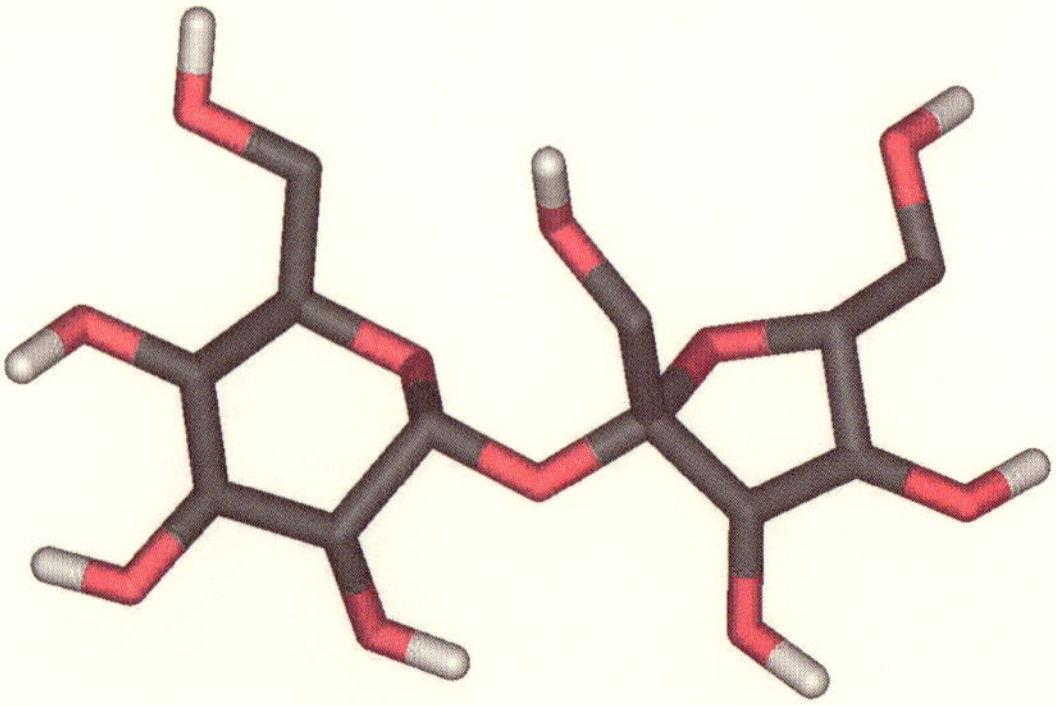

対する様々な作用を観察してきました。しかし化合物というのは実に不思議なもので、大きな分子のほんの一カ所が変化しただけで、薬理作用・毒性・分解されやすさ・排泄速度といったファクターが劇的に変わることが多いのです。例えば**クエン酸**（図1・6）はレモンなどの酸味成分としておなじみの化合物ですが、この水素原子の一つをフッ素に置き換えただけの「**フルオロクエン酸**」（図1・7）は極めて危険な猛毒です。結局化合物の性質というものは個々の物質一つひとつに対して語られるべきもので、「合成」「天然」「人工」といった大ざっぱなくくりではとうてい論じられるものではないのです。

化学物質という言葉

「**化学物質**」という言葉も巷でよく使われますが、定義のはっきりしないまま使われ、「何やら体に悪い人工の化合物」程度のニュアンスで用いられることが多いようです。本来この言葉は、一般には「原子、分子および分子の集合体など、独立かつ純粋な物質」、狭義では「研究や工業生産によって人工的に合成された物質」という意味であり、

図1.7　フルオロクエン酸

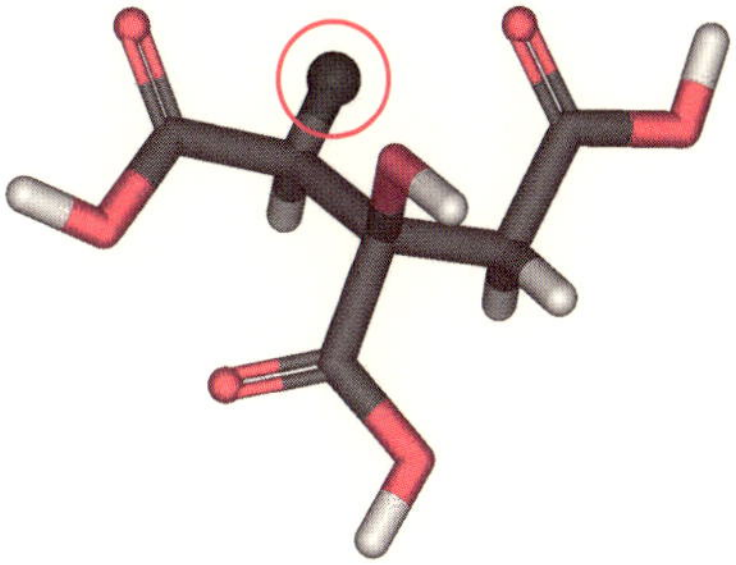

図1.6　クエン酸

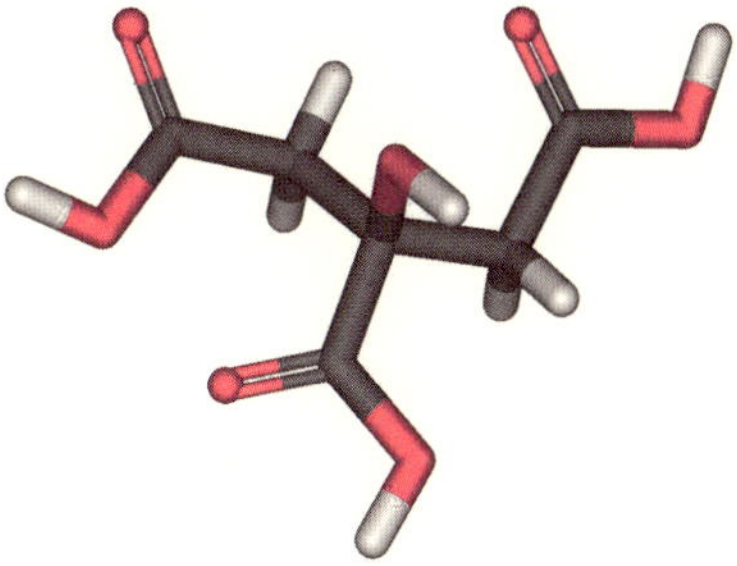

毒性の有無や天然・人工の区別は本来問われません。要するに我々の身の回りには、「化学物質」でないものは一つとしてないのです。窓ガラスはケイ酸ナトリウム、木はリグニンやセルロース、食肉はアクチンやミオシンといった「化学物質」の集まりであり、それ以上でも以下でもありません。

ところが中には「化学合成された、我々の体や環境に悪影響を及ぼす物質を化学物質と呼ぶ」とはっきり書いてある本さえあります。ここで化学者は怒るべきでしょう。この定義では「化学」とは「体や環境に悪いものを作り出す学問・技術」ということになってしまいますから。

もちろん、水俣病などに代表される「化学物質」が引き起こした害も数多く、これらを忘れ去ることは許されません。しかし世間にはびこる「化学」「合成」アレルギーには過剰反応の部分も少なからずあり、また化学の力がもたらした恩恵をあまりに無視し過ぎているようにも思えるのです。

例えば「化学肥料」という言葉があります。窒素と水素から「合成」したアンモニアなどをベースに、「化学的な」手法を用いて作り出された肥料です。この化学肥料が土地を痩せさせ、作物本来の味わいを失わせているなどという指摘があります。これに対して「天然」から得られた肥料を用いる「有機農法」で作られた野菜は少々値段が高くともイメージがよく、売れ行きも良好であると聞きます。

もちろんこれはこれで素晴らしい考え方であり、筆者も特別に有機農法を否定するものではありません。しかし仮に世界中の畑が化学肥料や農薬を全て捨て、有機農法を行ったらどうなるでしょうか？　作物の生産高は激減し、何十億という人が食を失って飢えることになります（注1）。この意味で「有機農法」は豊かな先進国だけに許された、非常にぜいたくな農法であるといえなくもありません。60億以上に膨れ上がった地球人口を支えるには化学の力が絶対に必要であり、「野菜が美味しくないからそんなものはやめてしまえ」と単純に目の敵にしてよいものではありません。これは化学肥料や農薬に留まらず、あらゆる科学技術に対してもいえることでしょう。

科学技術の進展は豊かな暮らしと同時に大小様々な問題をもたらしてもいますが、だからといって今さら江戸時代の暮らしに戻れるわけでもありません。テクノロジーを頭から否定するのではなく、これをきちんと評価し、そのもたらすメリットを最大に引き出しつつ、デメリットをなるべくなくしてゆく工夫をする。これが現代の科学技術との付き合い方なのではないか、と筆者は思っています。

（注1）全てのコメを有機栽培にした場合、最大75％米価が上昇するという試算がある。また農薬を全く用いないとした場合、リンゴはほぼ収穫不能、キャベツやキュウリも収穫が6割以下となり、農産物全体で年間4兆円の減収になると見られる。

COLUMN

リスクを比較する

本文中で「リスクを冷静に評価することが重要」と述べました。しかし違う種類のリスクをわかりやすく同じ基準で表すのは、なかなか難しい問題です。

中西準子らのグループは、化学物質のリスクを「平均損失余命」という形で表すことを提案しています。通常の環境の元で生活する日本人が、その物質のために平均して何日寿命を損なうかを比較するものです。

これによると、喫煙のリスクが断然トップとなっています。数年〜十数年寿命を縮めると見られ、2位のディーゼル粒子の14日を大きく引き離しています。その他本書で扱った物質を見ると、ホルムアルデヒドは4・1日、ダイオキシン類は1・3日、ベンゼンは0・16日、DDTが0・016日と算出されています。

一方、安井至らは、10万人あたりの死者数を算出することにより、様々なリスクを比較する試みを行っています(注)。これによると、現代の日本において喫煙による死者は10万人中365人となっています。以下、肥満が140人、酒が117人、自殺が24人、交通事故が9人、入浴が2・6人、コーヒーが0・2人、航空機事故が0・013人となっています。化学物質では、ダイオキシンなど有害物質が0・3人、残留農薬が0・002人、食品添加物が0・0002人です。

これらは様々な仮定の入った数値であり、絶対的なものとはいえません。しかし他の研究でもタバコと酒の害が大きく、他の物質はこれに比べれば取るに足りないことは共通しています。また自殺のリスクの意外なほどの高さは、現代という時代の抱える問題を端的に表しているともいえそうです。

(注) http://www.yasuienv.net/RiskSortedbyDeath.htm

第2章

環境問題

2-1

ダイオキシンは猛毒なのか

史上最強の毒物？

現在嫌われている化合物の最右翼といえば、間違いなく「**ダイオキシン**」の名が挙げられることでしょう。「発ガン性・催奇形性・内分泌攪乱作用などあらゆる毒性を併せ持ち、12キログラムあれば日本人全員を殺せる史上最強の毒物」と多くの書物やニュースなどで騒ぎ立てられ、果ては「キレる子供」の原因といった根拠のない嫌疑までかけられています。

ところが最近、「実はダイオキシンは思われていたほどの毒性ではない」という説が有力になりつつあります。筆者も初めに聞いた時は「まさか」と思ったのですが、どうやら科学的な根拠も十分にあるようなのです。

ダイオキシンは図2・1に示すような構造を持ちます。塩素がついている位置によって毒性は異なりますが、図に示したのは最強の毒性を持つ2、3、7、8-テトラクロロジベンゾダイオキシンです。ダイオキシン類は農薬合成時などの不純物としてできるほか、塩素を含む化合物を燃やすことによっても生成します。１９９９年、所沢近辺の産廃処理施設から発生するダイオキシンが付近の環境を汚染しているとして大きな騒ぎを起こしたのは記憶に新しいところです（これは後に判明した通り虚報でしたが）。さらに食塩と新聞紙を一緒に燃やすだけでもダイオキシンが発生することも実証され、近年では自宅での焚き火でさえ危険とされるようになってしまいました。

さてこれだけ騒がれてきたダイオキシンに、なぜ今になって「大した毒性ではない」という話が出てきたのか？　一言でいえば、「動物実験では確かに強い毒性があった。だがダイオキシンで倒れた人間はほとんどいないではないか」ということです。

モルモットと人間は違った

毒性には、急性毒性、慢性毒性、発ガン性、生殖毒性、内分泌攪乱作用などさまざまな種類があります。このうち急性毒性は文字通り「どれだけ飲んだら死ぬか」という数値で、**LD_{50}**という数値で表します。例えばある化合物のLD_{50}が１００㎎／kgといった場合、「体重１キロあたり１００ミリグラム

図2.1　2,3,7,8-テトラクロロジベンゾダイオキシン

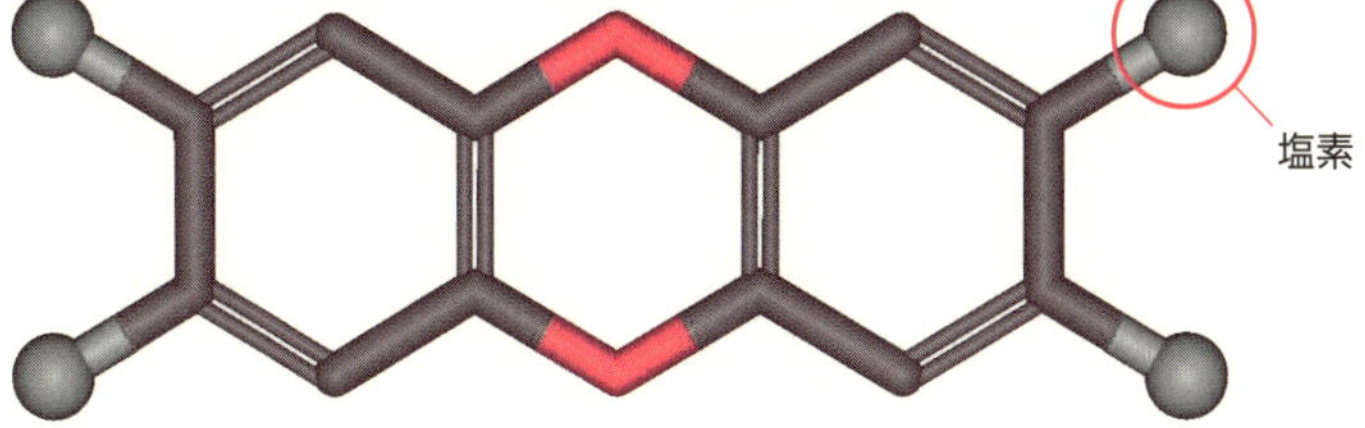

（60キロの人なら6グラム）の化合物を飲むと、その50パーセントが死ぬ」ということになります。

ダイオキシンのモルモットでのLD_{50}は０・６μg／kgとされます（μg＝マイクログラムは１００万分の1グラム）。この数値を体重60キロの人間に当てはめれば致死量は36マイクログラム、つまり1グラムのダイオキシンは1万７０００人分の致死量に相当することになります。多くの本に登場する「青酸カリの1万倍、サリンの17倍」という数値はこれが根拠と思われます。ただし、モルモットは化学物質に対し非常に敏感な動物であることが知られています。

というわけで他の動物でのデータを見ると、イヌのLD_{50}は３０００μg／kg、ハムスターでは５０００μg／kgであり、これらの動物はモルモットより数千倍もダイオキシンに強いのです。ここまで種差の大きい化合物は珍しいのですが、これはダイオキシンがとりつく「**AhRレセプター**」という部分の構造の違いによると考えられています。要するにモルモットのＡｈＲレセプターという鍵穴にはダイオキシンという鍵がうまくマッチしますが、他の動物にはうまくはまらないのです。というわけで単純にモルモットでの毒性を人間に当てはめるわけにはいきません。

人間でのLD_{50}は当然測定するわけにいきませんが、人間はイヌやハムスターよりさらにダイオキシンに強いと考えられる根拠があります。今までに事故などにより大量のダイオキシンがばらまかれたケースが何度かありますが、これによる死者はほとんど出ていないのです。

セベソ、そしてウクライナ

最も顕著なケースは、北イタリアのセベソで起こった事故です。1976年7月、この町にある農薬工場で化学反応の暴走が起こり、推定40〜130キログラムものダイオキシンが噴出しました。これは周辺数キロの範囲に飛び散って1万7000人がこれを浴び、しかもまずい対応のために避難が始まったのは事故から1週間が経過して、住民がたっぷりとダイオキシンを吸い込んでからになってしまいました。住民の血中ダイオキシン濃度は通常の2000〜5000倍にもはね上がり、悲惨な事態を予見してイタリアのみならずヨーロッパ一円がパニックに陥りました。

ところが驚くべきことに、最大22億人分の致死量（モルモットでの数値）のダイオキシンが狭い範囲に降り注いだこの事故で、死者は一人も出ていません。奇形児の出産を恐れて中絶した妊婦もたくさん出ましたが、胎児にも特別な異常は見られなかったということです。出産に踏み切った女性たちの子供や直接ダイオキシンを浴びた住民たちはその後長い間追跡調査を受けていますが、体質によりクロロアクネ（吹き出物に似た数カ月で治る皮膚病）が出た人を除けば、病気の発生率・死亡率など特に異常は見られていません。

この「クロロアクネ」を一躍有名にしたのは、2004年ウクライナ共和国の大統領候補であったユシチェンコ氏が、ダイオキシンを食事に盛られて倒れた一件です。確かに彼は一時的に体調を崩し、人相が変わるほどの発疹ができたのは事実ですが、その後無事回復して大統領の座に就きました。その後の調査で彼は、2ミリグラム程度のダイオキシンを食べさせられたと見積もられています。これはニュースで一時期騒がれた「高濃度ダイオキシン汚染キャベツ」を、一度に200万個程度食べた量に相当します。これだけのダイオキシンを一時に摂っても生命に別状がなかったわけですから、急性毒性に関してダイオキシンのリスクは全く取るに足りないことのよい証明になったともいえるでしょう。

その他にも世界各地でこうした事故は何度か起こっていますが、ダイオキシンが原

「クロロアクネ」を一躍有名にしたユシチェンコ氏。ダイオキシンにより一時は人相が変わるほどの発疹ができた
（写真提供：AP Images）

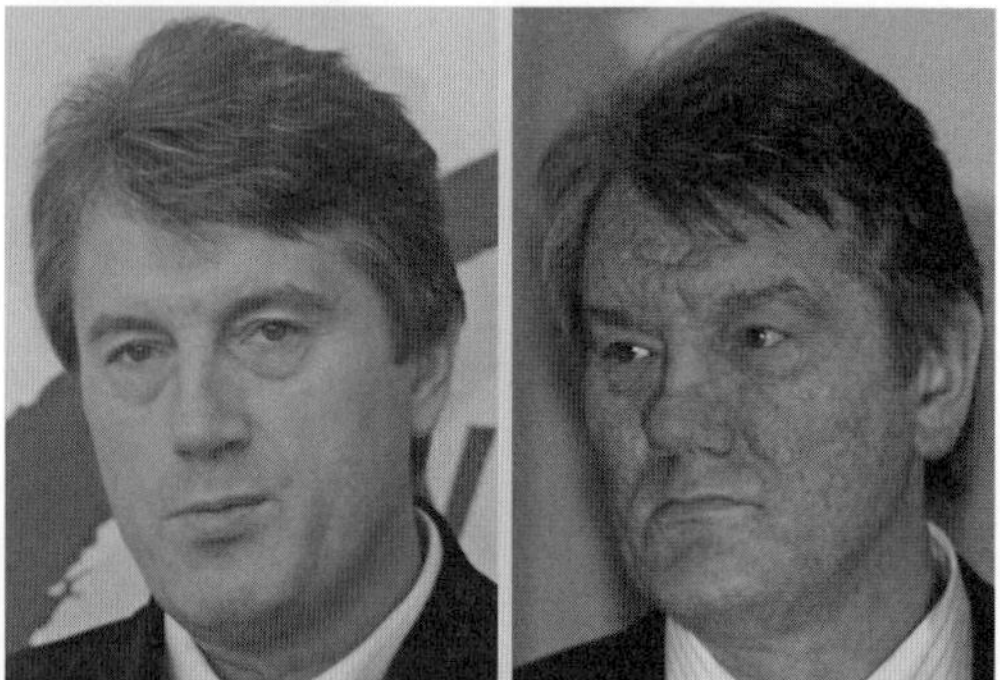

因で死亡した可能性があるのは１９６３年オランダでの事故で清掃作業にあたり、大量の残存ダイオキシンに触れた４人だけとされます（これもダイオキシンが原因とはっきり断定されたわけではありません）。史上最強の毒物にしてはこれはあまりにおかしな話で、少なくともヒトでの急性毒性に関しては「サリンの17倍」うんぬんの議論は完全な間違いと断じてよさそうです。

発ガン性をめぐる議論

ダイオキシンの発ガン性についても詳細な研究が行われています。詳しいデータは参考文献に譲りますが、動物実験の結果によればダイオキシン自体には発ガン性はなく、他の物質によって起こる発ガンを促進する作用（発ガンプロモーション作用）だけがあることがわかっています。この能力も強いものではなく、人間が日常取り入れている量の６万倍にあたる量のダイオキシンを投与して、ようやく10パーセントの動物がガンを発生したというレベルにとどまっています。

ただしＷＨＯ（世界保健機構）の分類では、ダイオキシンはそれまで「発ガンの可能性あり」だったものが、１９９７年に「発ガン性物質」へと変更されています。これは各国の専門家から成る委員会での投票により、11対９で決まったとのことです。

発ガン性があるかないかが投票で決められるというのも本来妙な話ですが、そうでもしないと決着しないほどに専門家の意見も割れたわけで、政治的要因も絡んだ苦渋の決断だったようです。いずれにしろ発ガン性があるかないかは極めて微妙で、タバコの煙やアスベストのようなはっきりしたリスクではなさそうです。

ダイオキシンには**内分泌攪乱作用**（いわゆる環境ホルモン作用。65ページ参照）があることもわかっており、ダイオキシンに問題があるとしたらこの作用であろうと現在では考えられています。しかしこれも動物実験の結果によれば、人体に悪影響が出るには数十マイクログラムレベルのダイオキシンが必要と考えられます。これは大変な微量のように思えますが、ＴＶなどで大きく報道された「高濃度汚染野菜」に含まれるダイオキシンは数pg（ピコグラム、１兆分の１グラム）のレベルで、影響が出る値の１０００万分の1程度なのです。仮に毎日１００ピコグラムのダイオキシンを取り入れ、これが全て体内に蓄積されたとしても（実際には一定のペースでダイオキシンは体外に出ていきますが）、悪影響が出る数値に達するまでには２０００年近くかかる計算になります。これは毎日バケツで1杯ずつ水を注ぎ（しかも水は少しずつ蒸発していく）、東京ドームを満タンにする作業に匹敵します。

皮肉なことですが、ダイオキシン騒ぎの一因はこうした分析機器の進歩にあったともいえます。現代の技術は1フェムトグラム(1000兆分の1グラム)のダイオキシンさえ検出を可能にしますが、これによって今まで「ゼロ」だと思っていた身の回りのダイオキシンが、「見えて」きてしまったのです(注1)。皆無ではなく、微量でも「ある」と思うと、気持ちが悪く感じるのは人情というものでしょう。

学会と世間の溝

こうした実験結果や事故の調査結果を、そのまま信じて鵜呑みにしてよいのかと疑う声もあります。政府がデータを隠している、大企業が圧力をかけている、という主張は数多くあり、ダイオキシン低毒説を唱える研究者を「御用学者」「安全宣言屋」として激しく糾弾する本も見かけます。しかしただ一つ確実なデータに基づいて言えることは、日本のダイオキシン汚染は1970年ころをピークとして、以後順調に改善を続けているという事実です。当時の汚染の元凶であったある種の農薬も現在は禁止され、焼却炉の改善などによって環境中に放出されるダイオキシンは大幅に減少しています。数十年前から今より多量のダイオキシンを浴びてきた日本人は、長年世界一の長寿を保っています。これを見る限り、トータルで見てダイオキシンはかつて思われていたほど恐ろしいものではないと考えて差し支えないのではないでしょうか。

(注1) これは他の物質でも同様で、例えばかつて水道水からは水銀は「検出されてはならない」とされていた。しかし分析機器の進歩によって極微量の水銀が検出できるようになったため、現在では「0.5μg/l以下」と基準が変更されている。

こうしたダイオキシン低毒説は、海外ではすでに1994年にジョン・エムズリー教授が一般向けの本でこれを紹介しており、1996年には邦訳も出版されています『逆説・化学物質〜あなたの常識に挑戦する』(丸善刊)。日本では1998年ごろに作家の日垣隆氏が綿密な取材に基づいたルポを発表し、同年横浜国大の中西準子教授(当時)も学術的な立場からの主張を展開しています。2007年にはベストセラーになった『環境問題はなぜウソがまかり通るのか』(武田邦彦著、洋泉社)によって、低毒説はようやく一般へも浸透してきました。しかし1999年の所沢ダイオキシン報道などでの印象はやはり極めて根強いようで、筆者のホームページにもいまだに「これは本当か」「驚いた」という反響が時折寄せられます。武田氏も書いていますが、専門家の間でとっくに共通認識となっていることが世間には伝わっていないという一例でしょう。氏の著書が25万部のベストセラーといえども、視聴率に換算すると0・2パーセントほどでしかありませんから、視聴率20パーセントのニュースで繰り返し刷り込まれた印象はそう簡単に抜けるものではなさそうです。

毒性は量しだい

ダイオキシン以外にも、人体に対する害を疑われる物質はたくさんあります。これらのうち人類に取り返しのつかない被害を与える可能性があるものは、グレーゾーンであってもきちんと対策を立て、害の有無についてできる限りの検討を行うべきであるのは当然のことです。とはいえあまりに化学物質の害に過敏になり、取るに足りないリスクに対して巨額の対策費用を投じ、有用な化合物を葬り去るようなこともまたあってはなりません。

例えば「ダイオキシンには思われていたほどではないとはいえ、毒性があるには間違いない。ならばこれを減らす努力をするのは当然のことではないのか」という議論があります。もちろん資金が無限にあるのならそれでもいいでしょうが、その財源は我々の税金です。すでにダイオキシン対策のためには、焼却炉の改善などで数千億円の資金が投入されています。ダイオキシン削減にこれ以上の経費を割くべきなのか、冷静に考えるべき時期に来ているのではないでしょうか？

気づかないうちに我々は一酸化炭素や青酸などの「猛毒」を空気や食事から摂取していますが、量がごく少ないので体はこれを問題なく処理し、何も目に見える害は起きません（注2）。逆に、本来ほぼ無害な化合物でもあまりに非常識な量を長期に渡って食べ続ければ、何かしら問題が起きるのは当然のことです。これはビタミンやミネラルなど、一般に「体にいい」と言われている物質でも例外ではありません。

（注2）日本の通常の環境に住む人は、一呼吸ごとに数兆分子の一酸化炭素と、数十万分子のダイオキシンを吸い込んでいる。

化合物が体によいか悪いかは「○か×か」といった単純なものではなく、それを体に取り入れる量によって決まる——。実に当たり前のことですが、その当たり前を我々がきちんと理解することができれば、化学物質をめぐる空虚な騒ぎはずいぶんと少なくなることと思います。そしてそれを伝えるメディアはこのことを十分に認識し、責任と誠意をもって報道に携わってもらいたいものだと思う次第です。

2-2

DDTの運命

殺虫剤DDT

化学物質の害について考える時には、危険性についてのみ着目して何でもかんでもなくしてしまえというのではなく、リスクと利益のバランスをきちんと計った上で議論すべきだ——と何度も述べてきました。とはいえその比較は簡単なことではなく、評価がデータの解釈や計測機器の進歩などによって時代によって揺れ動くことも少なくありません。ここでは有名な殺虫剤DDTを例にとって、リスク評価の難しさを考えてみましょう。

人類最大の感染症

200万年ほど前、ケニアの谷間に最初の人類がひっそりと誕生して以来、これまでに約8000億人の人がこの世に生まれ、死んでいったと推測されています。ではその人類の死因のうち、最も多いのは何だったかご存

図2.2　DDT

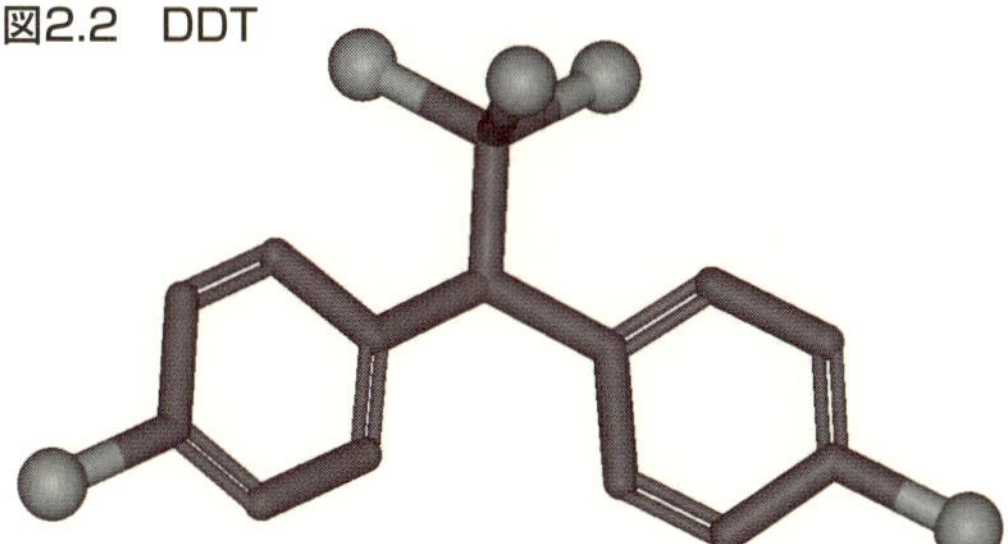

知でしょうか？　ペストでも戦争でも食中毒でもなく、それはマラリアであるという説が有力です。現在でも熱帯地方を中心に年間3～5億人の患者が発生し、200万人前後が亡くなっているとみられます。近年では日本国内など温帯地域での発生例は稀ですが、かつては相当の患者が出ていた時期があり、平清盛や一休宗純、アレクサンダー大王などもマラリアが死因であると見られています。

この人類最大の感染症の治療に、大きな変革がもたらされたのは20世紀も半ばになってからのことです。DDTという名前の、塩素をたくさん含んだ奇妙な人工化合物がその主役でした。

魔法の薬

DDTは図2・2に示す構造を持ち、5つの塩素原子を含んでいます。DDTという名称は、ジクロロジフェニルトリクロロエタン（**D**ichloro **D**iphenyl **T**richloroethane）の頭文字を取ったものです。

DDTが最初に合成されたのは1874年のことで

戦後日本で見られたDDT散布の光景

（写真提供：共同通信社）

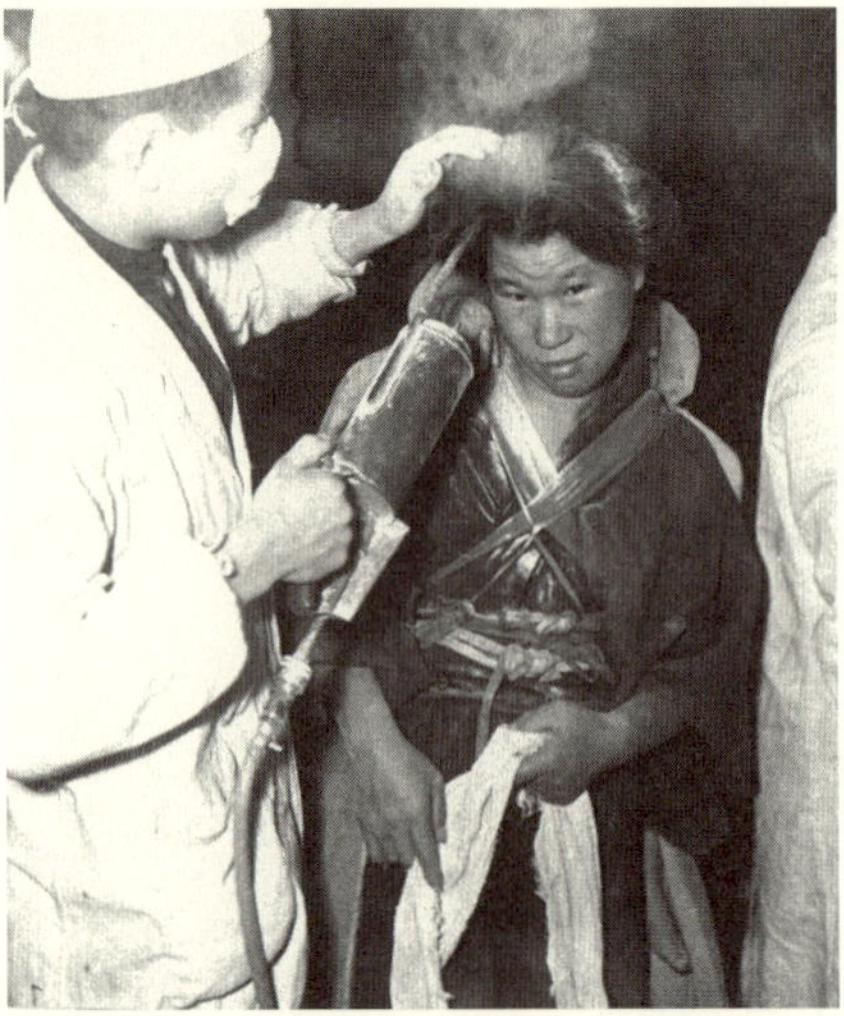

●ジクロロジフェニルトリクロロエタン

ただしこれは古い命名法で、現在のルールでは、「1,1,1-トリクロロ-2,2-ビス（4-クロロフェニル）エタン」が正しい名称。

すが、スイスのミュラーによってその強力な殺虫効果が発見されたのは、半世紀以上を経た1939年になってからのことでした。

DDTはきわめて安価に合成でき、多くの昆虫に対してごく少量で殺虫作用を示します。それでいて人間など高等生物にはまったく無害（と思われた）なのですから、これはまさに夢のような薬剤でした。このため特に第二次世界大戦後の占領地で、黄熱病、チフス、マラリアなどの病原体をばらまく蚊やシラミを駆除するために、DDTは大量に用いられました。戦後の日本で、DDTの粉末を頭から浴びる子供の写真をご覧になったことのある方も多いことでしょう。これによって戦後につきものの伝染病の蔓延は、すっかり影を潜めることとなりました。DDTの生産量は30年間に300万トンに達し、発見者ミュラーは1948年のノーベル医学・生理学賞に輝くことになったのです。

没落、そして

「魔法の薬」と思われたDDTの没落が始まったのは1962年のことです。環境運動家のバイブルともいわれる、『沈黙の春』（レイチェル・カーソン著）の出版がその契機でした。カーソンは、DDTが食物連鎖によって昆虫を食べる鳥の体内に蓄積し、鳥たちを死に追いやっていると訴えたのです。さらに長期に渡る環境への残存性、ヒトに対する発ガン性などが次々に指摘され、一気にＤＤＴ禁止運動は加熱していきました。その後、水や食品、南極の氷に至るまでＤＤＴが検出され、さらに人間の母乳までもが汚染を受けていることがわかって、ＤＤＴは１９６８年に使用が全面禁止されることとなりました。この後90年代に入ってさらにＤＤＴには内分泌撹乱効果があるのではないかという疑いが持たれ、かつての妙薬のイメージはこれ以上落ちようがないところまで落ちてしまったのです。

こうして抹殺されたＤＤＴですが、最近の研究によって少なくともヒトに対しては発ガン性がないことがわかっています。また環境残存性に関しても、普通の土壌では細菌によって2週間で消化され、海水中でも1カ月で9割が分解されることがわかっています。また環境ホルモン作用については別項で述べている通り、現在では人体に対してはほぼ心配ないことが明らかにされています。実際、戦後に頭からＤＤＴの粉を大量にかぶっていた子供たちは、今も何ということもなく元気に生きています。危険性を訴える研究に比べてこうした結果は大きく扱われることはほとんどないため、あまり知られてはいませんが……。

スリランカでは１９４８年から１９６２年までＤＤＴの定期散布を行ない、それまで年間250万を数えたマラリア患者の数は31人にまで激減しました。この数はDDTが禁止されてから5年のうちに、もとの250万人まで逆戻りしています。DDTによって救われた人命の数は5千万とも1億ともいわれ、これは他のどんな化合物をも上回るものです。その得失を総合的に考えた場合、安価でこれほどに効果の高いDDTを完全に葬り去るのは果たして得策なのか、疑問を差し挟む声は常に挙げられていました。

DDTの復活

そして2006年に入り、ついにWHO(世界保健機構)は「マラリア対策のために、室内でDDTを使用することを推奨する」という声明を発表したのです。しかしこの発表には、いくつかの環境保護団体が猛反発しています。DDTの散布によって多くの昆虫が死に、それを食べる鳥や動物のエサを失わせる。またDDTの発ガン性や環境ホルモン作用についても、完全に疑いが晴れたわけではないというのが彼らの主張です。これに対しWHOは、少量のDDTを家の壁などに噴霧しておくという使用法ならば、環境中にDDTが放出されることなく、効果的に蚊を殺してマラリアの蔓延を抑えられるとしています。またたとえ発ガン性があったにせよ、この使用法では人体に取り込まれる量は極めてわずかであるため、DDTのせいでガンになる人よりマラリアで死ぬ人の方が何桁も多いと見込まれます。

ただしDDTに対する耐性を持った蚊が増えているとの指摘もあり、この件についてはまだまだ議論が続きそうではあります。ただ少なくとも、危険性のみに目を奪われることなく、最新のデータからリスクと利益のバランスを冷静に見極めようとするWHOの姿勢は、我々にとって見習うべきものがあるのではないでしょうか。

DDT以後

発売当初はセンセーションを巻き起こした『沈黙の春』は、上記のような事情で近年評価が変化し、特に欧米ではレイチェル・カーソンへの批判の声が強まっています。ただしそれはやや結果論的でもあり、無神経に使われていた農薬などに思わぬ危険があることを指摘した功績は、やはり評価されるべきでしょう。かつては日本でもヒ素や水銀化合物など、今思えば恐ろしいような毒物が平然と田畑に散布されていました。しかしDDT問題以後農薬は急速に改良が進み、たとえば現在よく用いられるスミチオンのLD_{50}は約1000mg/kg、ブプロフェジンなどは2200mg/kgとずいぶんと低毒性になってきています（ビタミンAのLD_{50}は2000mg/kg、食塩は4500mg

／kg）。また環境及び食品への残留、体内への蓄積性についても極めて厳しい規制が課せられており（135ページ、「中国食品」参照）、今や農薬は一般にイメージされるほど恐ろしいものではありません。農薬・殺虫剤は嫌われがちではありますが、今までの失敗から得た教訓は決して無駄にはなっていません。食料の増産・安定供給に欠かせない役割を担う農薬を、もう少しポジティブに捉える視点があってもよいのではないでしょうか。

2-3 界面活性剤

水と油の仲立ち

「**界面活性剤**」というのも、極めて有用であちこちで使われていながら、不思議なほど叩かれ、嫌われている化合物群です。世間に与えている恩恵は大きいのに、不当なほどのバッシングにさらされているという意味では、最も不運な化合物であるといえるかもしれません。

そもそも界面活性剤とは何であるのか、高校の化学をおさらいしておきましょう。化学の大原則として、「似たもの同士はよく混ざる」という原理があります。炭素と水素でできている化合物、例えば油はそれ同士でならよく混じります。また酸素や窒素、イオンを含む化合物、例えば水や食塩はやはりお互いになじみやすい性質があります。しかしよく言われるように水と油は混じり合わず、食塩はサラダ油には溶けません。このあたりは人間の社会と同じことで、キャラクターの違うもの同士はお互い反発し合い、溶け合わないのです。

界面活性剤は、この両者を仲立ちし、混じり合わせてくれる化合物です。界面活性剤は水になじみやすい構造と油になじみやすい構造をひとつの分子内に併せ持っており、上手く水と油の間に入って両者を混ぜ合わせることができるのです。多くは長いアルキル鎖（油になじみやすい炭化水素鎖など）の末端に、水になじみやすいカルボン酸やアルコールがついた構造をとります。

水に油を垂らしても表面に浮くだけですが、ここに界面活性剤を少量加えると、アルキル鎖の方を内側に、水溶性部分を外側に向け、中に油を包み込んだ小さな球（**ミセル**といいます）を作って水中に分散します。身近なところでは牛乳やマヨネーズがその例に当たります。このため油を水中に分散させた状態を「乳化」と呼び、食品工業において非常に重要な過程です。

もうひとつ身近で界面活性剤が活躍する場として、洗浄剤があります。人間の体から出る皮脂・タンパク質などは一般に脂溶性（油に溶けやすい）であり、水だけで洗ってもきれいには落ちません。石鹸の分子は長いアルキル鎖の末端に、水に溶けやすいユニット（カルボン酸塩）がついた典型的な界面活性剤の構造であり、汚れを内部に包み込んだミセルを作って水

図2.3　ミセル

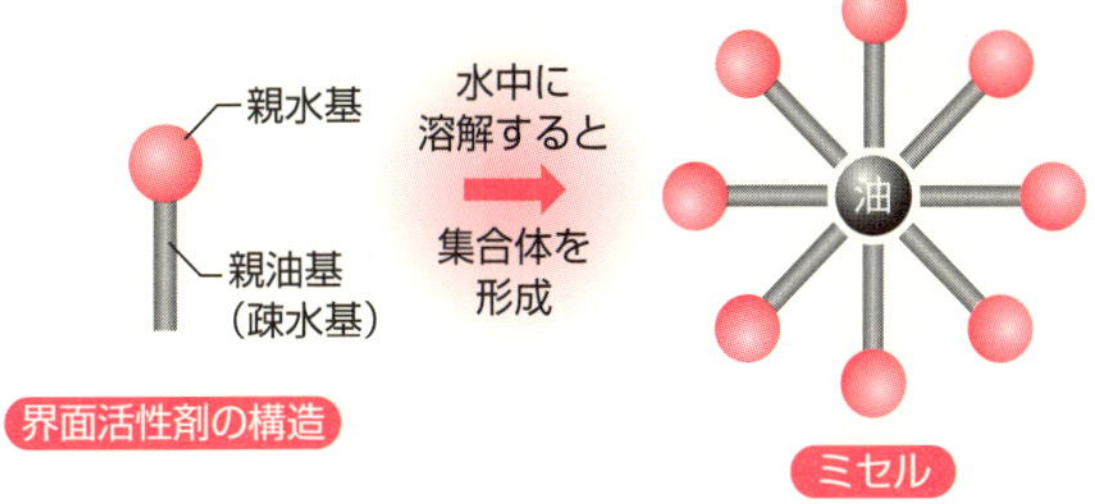

中に溶かし出す働きをします。石鹸は脂肪をアルカリで分解することで得られ、古くから人類の生活になくてはならないものとして広く使われてきました。

界面活性剤というものは一般に少し構造を変えただけで大きく性質が変化することが知られており、用途に合わせて様々なファインチューニングが可能です。このためこれまでに多くの界面活性剤が人工的に作り出され、食品・洗剤・化粧品など様々な分野で使われてきました。ところがこれらの人工界面活性剤は、極めて評判がよくないのは冒頭で述べた通りです。

SDSの濡れ衣

ケチのつき始めは、ある種の合成洗剤でした。当初使われた合成洗剤は、ベンゼン環に枝分かれのある長いアルキル基（脂溶性部分）と、スルホン酸（水溶性部分）が結合したものでした。この「枝分かれがある」というのがくせ者で、自然界にはこうした構造を持つ化合物がほとんどないため、これを分解できる細菌がいないのです。このため家庭から排出された洗剤が河川に流れ込み、川や湖が泡立ってしまうほか、酸素が不足して魚が死ぬなどの被害が出ました。そこで構造が工夫され、分解を受けやすい直鎖（枝分かれがない）アルキル基を持つ**ラウリル硫酸ナトリウム（SDS）**

が登場して、この問題はずいぶんと改善されたのです（図2・4）。

それでもSDSはある種の石鹸よりも生分解を受けにくいのは事実で、このため環境保護団体からは今でも目の敵にされています。しかし石鹸はSDSより洗浄力が弱いので大量に使用せねばならず、総合的に得失を考えると合成洗剤の方が環境負荷が低いケースもあり、一概に「合成洗剤が悪い」とはいえません。

またSDSは発ガン性がある、毒性が強いなどとして、長らく攻撃の対象となってきた歴史があります。確かに一度発ガン性が報告されたことがあったのですが、1970年代に複数の団体によって精密な検査が行われ、発ガン作用はないことが証明されています。しかし一度かけられた嫌疑というものは極めて根強いもののようで、ネットを検索すれば未だに「発ガン物質である」と叫ぶサイトが数多くヒットします。毒性についても危険視して大げさに書き立てる本やホームページは数多く、「こんなものを歯磨きに入れるなどとんでもない」と彼らは主張します。しかし動物実験の結果からはLD_{50}が2000mg／kg前後、すなわち体重60キロの大人なら120グラムが致死量ですから、歯磨きのチューブ1本食べてもSDSが原因で死ぬことはありません。ちなみにこの数値はビタミンAと同程度、カフェインの10倍前後ですから、SDSを取り締まるなら先に牛乳やコーヒーを撲滅すべきということになってしまいます。

図2.4　ラウリル硫酸ナトリウム

経皮毒商法の顛末

さらに最近では、「経皮毒」なるものの恐怖を警告した本がベストセラーになりました。著者らによれば、SDSなど界面活性剤が皮膚細胞を破壊し、そこからシャンプーや洗剤などに含まれる化学物質が皮膚に浸透して様々な障害を起こすのだそうです。が、皮膚というものは外部に対する生命のバリアーですのでそう簡単に破壊されず、また再生も速いので心配はいりません。洗剤で皮膚が破れるなどというのは、フライパンをクレンザーでこすると穴が空くかもしれないと心配するようなもので、DHMOの論理と何ら変わることはありません。

こうした本ではまことしやかに「歯磨きに含まれる界面活性剤によって舌の表面の味蕾細胞が破壊され、そのために歯磨き後は物の味が変わってしまう」などと書いてあったりしますが、これなどひどいまやかしというべきでしょう。本当に細胞が破壊されるのであれば、再生するまでかなり長い間味覚が変わっていなければおかしいはずです。歯磨き後に味が変化するのは単に香料のせいで、だからこそ唾液で洗い流される数十分後には味覚が元に戻るのです。

また「頭皮のかゆみ、フケ、抜け毛、かさぶたも同じように合成界面活性剤による皮膚障害だといわれています」という記述もありますが、ならばシャンプーをしないでいた方が、かゆみやフケが増えるのは一体何なのでしょうか？

ホラー話にだまされないために

2008年2月、他社製品には「経皮毒」が含まれていると非難し、自社製品の安全性を謳っていたある会社が、虚偽説明を行っていたということで3カ月の業務停止処分を受けました。調べの結果、同社は自社の製品に効能がないことを認めているということで、これで経皮毒騒動も一段落するかもしれません。

この件では、医師や薬学博士といった肩書きを持った人々がその権威を利用して恐怖商法の片棒を担いでいたわけで、こうなると一般消費者がだまされずにいるのも至難の業です。しかし必ずしも専門知識はなくても、よく考えれば先ほど示した例のようにおかしな点は見えてくるものです。

また極端な量を摂取すれば、どんなものでも毒になりうるわけですから、きちんと摂取量に基づいた議論をしているかどうかも、ウソを見分けるポイントです。上記の経皮毒の本はほとんど数値・データの記載もなく、「……の可能性がある」「……との関連が疑われる」といった記述のオンパレードで、ホラー本の典型というべきものです。

また一つのものが、ガンやアトピーやキレる子供など、全く違った病気の原因にされている場合も疑ってかかるべきでしょう。危険な話やうまい儲け話があちこちに転がっている世の中、一人ひとりが情報に関しても自衛の心構えを持つ必要があるのではないでしょうか。

2-4

環境ホルモン問題は今

世界が「メス化」している?

今から10年ほど前に騒がれた問題に、**環境ホルモン**の話があります。近年は地球温暖化や中国製品の話題に押されてか聞くことが少なくなっていますが、今でも心配している方も多いのではないでしょうか?

環境ホルモンの騒ぎが始まったのは90年代初頭のことです。デンマークの科学者スキャケベクが、数十年前に比べてヒト精液中の精子量が激減しているという報告を行ったのです。またこれと同時期に、世界の各地で魚類や両生類のオスが生殖器の発達異常を起こしていることが発見され、注目を集めました。この世界同時発生的な「男性のメス化」現象を説明するのに、「環境中に放出された、女性ホルモン様の働きをする化学物質のせいではないか」という仮説が提出されたのです。

環境ホルモン説の登場

人間の体には様々な命令伝達系統があります。その一つがいわゆる「ホルモン」と呼ばれるもので、これが受容体と呼ばれるタンパク質に結合することによって「血圧を上げろ」「○○の生産をストップしろ」などといったメッセージが伝達されるのです。基本的にホルモンと受容体は鍵と鍵穴の関係にあり、例えば血糖低下作用を持つインスリンはインスリン受容体にのみ結合するようになっています。この系統が混乱すれば、当然生体の機能は大きなダメージを受けます。

こうしたホルモンの一つに**エストロゲン**、いわゆる**女性ホルモン**があります（図2・5）。この女性ホルモンの受容体にある種の化学物質がはまり込み、本物の女性ホルモンの代わりにメッセージを出してしまうことがあるのではないか——という指摘がなされたのです。これがいわゆる環境ホルモン、正式には「内分泌攪乱物質」と呼ばれるものです。要するに、男性の体内にニセの女性ホルモンが入り込むことで、男性を女性化させてしまうのではないかということです。

環境ホルモンは前述の精子数減少の他、各種のガン、子宮内膜症、奇形児の

図2.5　女性ホルモン・エストラジオール（エストロゲンの一種）

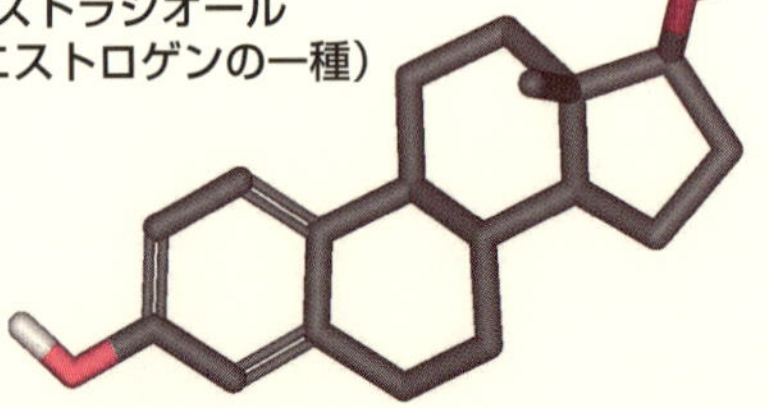

出産、果てはキレる子供やアトピー性皮膚炎などの原因になっているという議論まで現れ、騒ぎは拡大していきました（どうも「キレる子供」と「アトピー」というのは、環境ホルモン、重金属、ダイオキシン、食品添加物、経皮毒など、新顔の「化学物質」が現れるたびに関連が疑われる「定番」であるようです）。

こうした騒ぎを受け、環境省では「**環境ホルモン候補**」として65種の化合物をリストアップし、それぞれの性質について調査を開始すると発表しました。この中にはダイオキシン・ＰＣＢ・ＤＤＴなどの人工有機塩素化合物、ビスフェノールＡやフタル酸エステル類などのプラスチック成分、ノニルフェノールなどの洗剤原料、各種農薬など構造も性質も種々雑多な化合物が含まれていました（図２・６）。

この騒ぎの頃、筆者はこの化合物リストを医薬研究の専門家に見せてみたことがあります。氏は並んだ構造式を一目見るなり、「これは絶対におかしい」と言下に断言した

図2.6　各種の環境ホルモン「候補」化合物

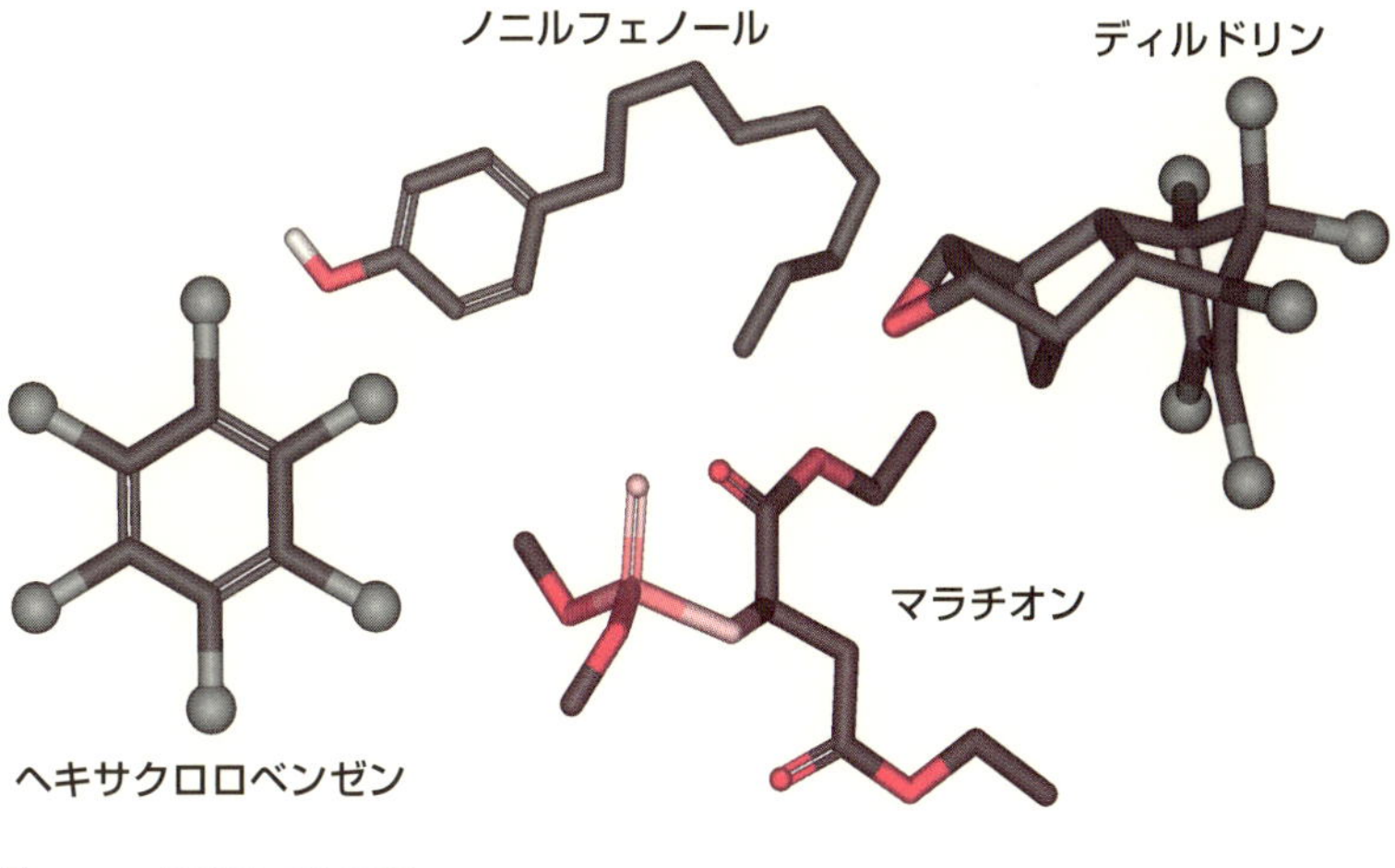

ことをよく記憶しています。人体にはステロイド骨格を持ったホルモンがたくさんありますが、エストロゲンの受容体は極めて似通ったホルモン群の中から間違いなく女性ホルモンだけを認識して結合し、命令の伝達を行う能力を持ちます。それだけ精密な認識能力を持つエストロゲン受容体が、これだけ雑多な化合物と見境なく結合して混乱を引き起こすことは考えられない、というのです。

ステロイドホルモン周辺の研究に長く携わってきた氏の直感は、後になってみればまさに正鵠を射ていました。嫌疑をかけられた化合物の大半は、実際にはヒトに対してほとんど影響のないものだったのです。

冤罪

環境省の作成した「容疑者リスト」のうち、最も心配されたものに**フタル酸エステル類**（図2・7）があります。これらをポリ塩化ビニル（塩ビ）など硬いプラスチックに混ぜると軟らかくしなやかな素材になるため、食品のラップ、医療器具、子供用のおもちゃなどに大量に使われているからです。

さっそく綿密な調査が行われましたが、これらのエストロゲン受容体に

図2.7　フタル酸ジエチル

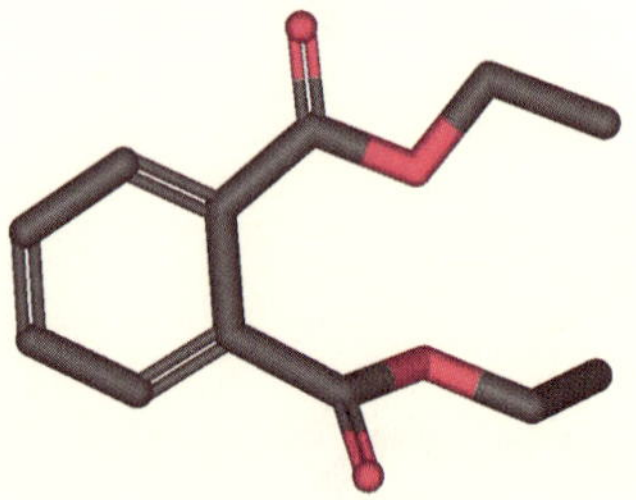

対する結合力は本物の女性ホルモンの数万分の1から数十万分の1といったオーダーで、ほとんど無視しても良いレベルのものでした。マウスなど実験動物に投与した実験でも、日常で摂取する1000倍以上の量を与えてさえ生殖機能に影響はなく、ガンなどの発生も見られていません。同じく心配された**スチレンダイマー**（図2・8）、各種農薬なども同程度の結果で、環境省では「環境中に存在する濃度では、ほ乳類に対して明確な影響はない」という結論を発表しています。

最後まで容疑者として残ったのは、「**ビスフェノールA**」という化合物です（図2・9）。この物質はCDなどの素材であるポリカーボネート樹脂に使われている身近な物質であり、構造的にもエストロゲンの分子と共通点があります。そしてこの化合物では、体重1キロあたり2マイクログラムという毒性学の常識を覆すほどの低用量でも生殖機能に悪影響を及ぼすというデータが報告され、大きな議論を呼びました。しかし何度もの試験が繰り返された末、最終的には「低用量仮説の実験データは再現しない」として否定されたのです。

こうした流れから、当初の「男性の精子数の減少」というデータがそも

図2.8　スチレンダイマーの一種

図2.9　ビスフェノールA

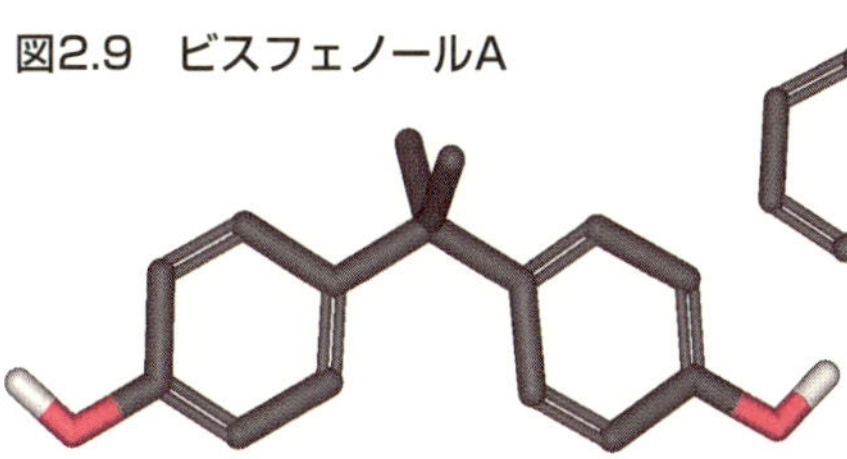

そも間違っているのではないかという声が挙がり、再調査の結果「精子数の古いデータは数え方などに問題があり、あまり信用できない」という声が強くなっています。こうして事実上、健康問題としての「環境ホルモン騒動」は終わりを告げたのです。

わざわざ「健康問題としての」をつけたのは、メダカなどに対してはこれらの化合物が影響しているというデータがあり、「環境問題」としてはまだ研究の余地が残っているからです。ただしこれについても、河川に流出しているヒトの尿に含まれる女性ホルモンの方が、ビスフェノールAなどよりも影響が大きいのではないかという見方もあります。このあたりはまだ今後の課題といったところです（注3）。

騒動その後

こうして環境ホルモン問題については一応の結論が出たわけですが、しかし専門家以外でこうした結果をご存知の方はほとんどいないのではないでしょうか？　実際、嫌疑がかけられたときにあれだけ大きく取り上げたマスコミは、安全宣言についてはまるきりと言っていいほど報道していません。「○○は危険だ」というのは耳目を集めるのでニュースバリューがあるものの、「○○はどうやら安全らしい」というのはインパクトに欠け、「数字」に結びつかないということなのでしょう。一方で化学物質の恐

（注3）その後の調査で、ビスフェノールAには成人への影響は確認できないものの、胎児などへの影響がある懸念は完全には捨てきれないとし、「摂取をできるだけ減らすことが適当」との通達がなされた。

怖を煽る本は出版され続け、とっくに取り下げられた環境ホルモン候補化合物のリストについても「環境省が認定した環境ホルモン化合物」として記載され、あちこちで一人歩きを続けているのが現状です。

もうひとつ奇妙だったのは、この騒動のさなかにザクロ・プエラリア・**大豆イソフラボン**（図2・10）などの商品がブームになっていたことです。これらには「女性ホルモンと同じ作用をする物質」が含まれているため、肌の色つややスタイルが良くなるというふれこみでした。同じ作用をする物質でも、「人工の化学物質」といえば「ガンや生殖異常の原因」と指弾され、天然由来となれば「美容によい」としてテレビ番組で取り上げられ、もてはやされるのだから不思議なものです。

一度何らかの嫌疑をかけられた化合物は、他のいわれない作用までも疑われて騒ぎが拡大すること、「害がある」と指摘するのは簡単でも「問題はない」という証明をするのは多大な労力を必要とすること、危険はないとわかってもマスコミは一向に報道しないこと、そのため世間と専門家の認識が全く食い違っていること、過剰な天然物信仰など、環境ホルモンの事例には環境・健康問題の抱えるジレンマが全て詰まっているようです。ほぼ空騒ぎに終わった環境ホルモン騒動から、我々が学ばなければならない点はずいぶんと多いのではないでしょうか。

図2.10　大豆イソフラボンの一種、ダイゼイン

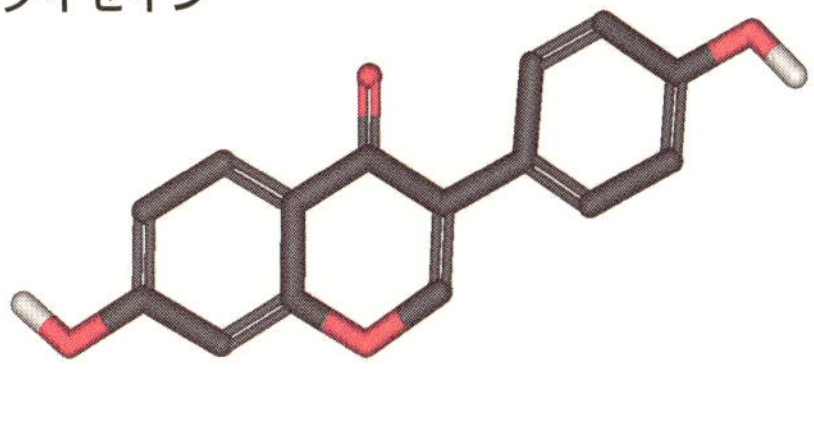

●大豆イソフラボン

後に大豆イソフラボンに関しては、「発ガンリスクを高める可能性がある」として、摂取量を制限すべきという議論も行われている。普通に大豆食品を食べる程度ならともかく、サプリメントなどによって大量に摂取するのはリスクがあると見られる。

2-5

ホルムアルデヒドの話

橋を架ける分子

ホルムアルデヒドというのも、昨今ニュースなどでよく耳にする名前であると思います。用途が広く、現代社会になくてはならない化合物でもありますが、近年シックハウス症候群の原因などと名指しされ、なかなか難しい立場に立たされています。

まずホルムアルデヒドとはどんな化合物か。名前だけ聞くとなんだか非常にややこしい物質を想像してしまいますが、実のところ図2・11に示す通り極めて簡単な化合物です。炭素1つ、酸素1つ、水素2つとわずか4つの原子だけから成っており、この世のありとあらゆる有機化合物の中で最もシンプルなものの一つといっていいでしょう。

ホルムアルデヒドは、いろいろな分子をつないで橋かけをする性質があります。たとえば尿素とホルムアルデヒドを混ぜてやると、両者は水分子が外れる形で互いに結合します。この過程が繰り返されて、最終的

図2.11　ホルムアルデヒド

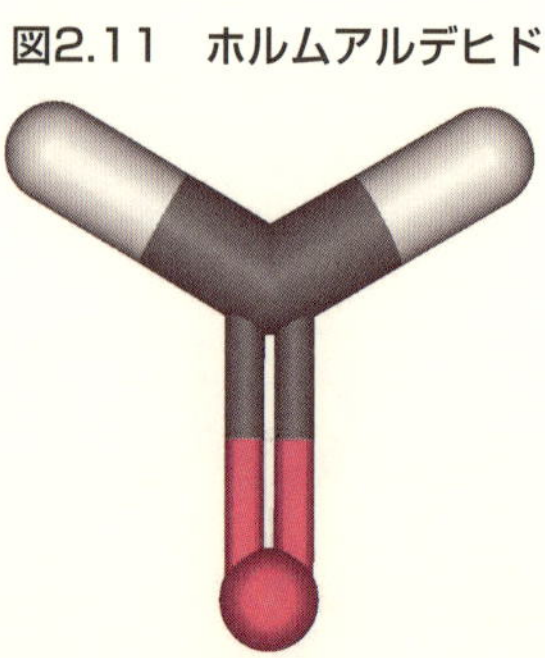

には何百万、何億という原子から成る巨大なランダムネットワークが形成されます。これが**尿素樹脂**と呼ばれるプラスチックです（図2・12）。これは混ぜるだけで固まるため接着剤としても使用可能で、薄い板を貼り合わせて合板（ベニヤ板）を作るためなどに多量に利用されています。

ホルムアルデヒドは他にも、**フェノール**（図2・13）や**メラミン**（図2・14）といった比較的外れやすい水素原子を持つ化合物と自由自在に縮合し、多くの種類のプラスチックを作り上げます。このためホルムアルデヒドは極めて重要な工業原料であり、国内の生産高は年間120万トン以上にものぼっています。

「外れやすい水素原子」を持つ化合物は何もこれらだけに限らず、タンパク質などもホルムアルデヒドと反応しうる水素を多数持っています。このためタンパク質はホルムアルデヒドと出会うとあちこちが橋かけされ、固

図2.12　尿素樹脂

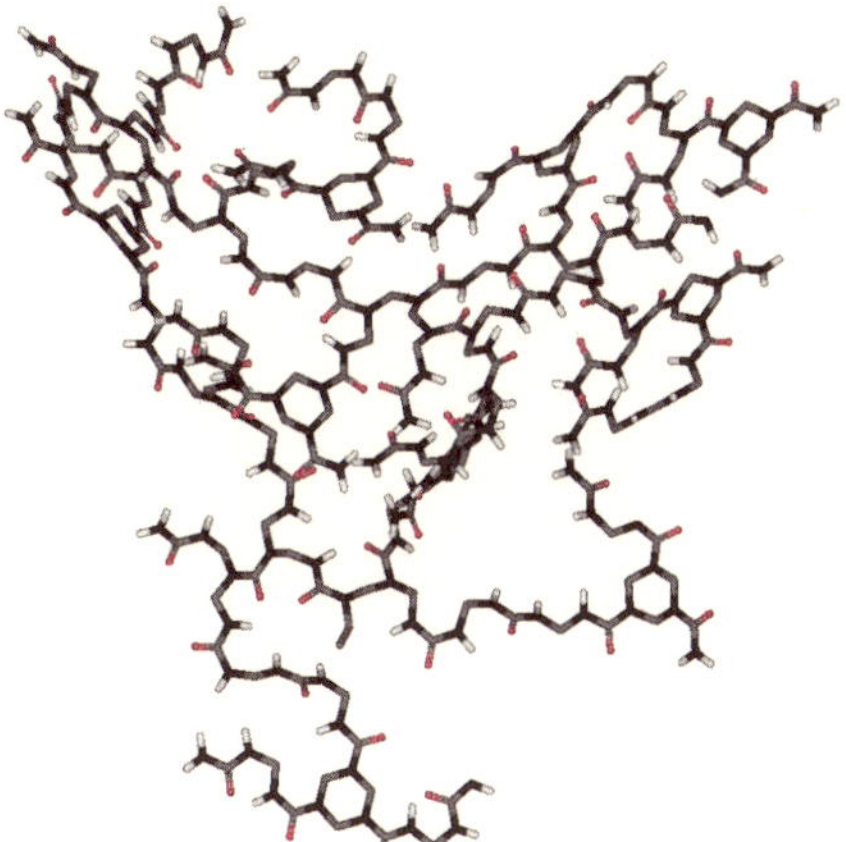

図2.13　フェノール

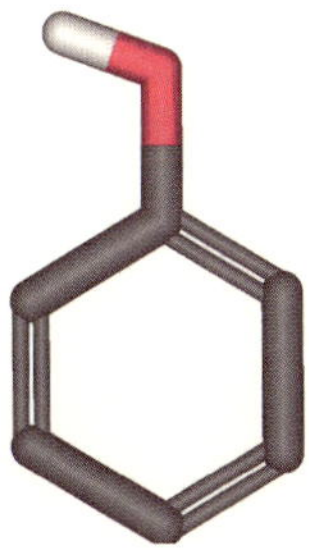

図2.14　メラミン

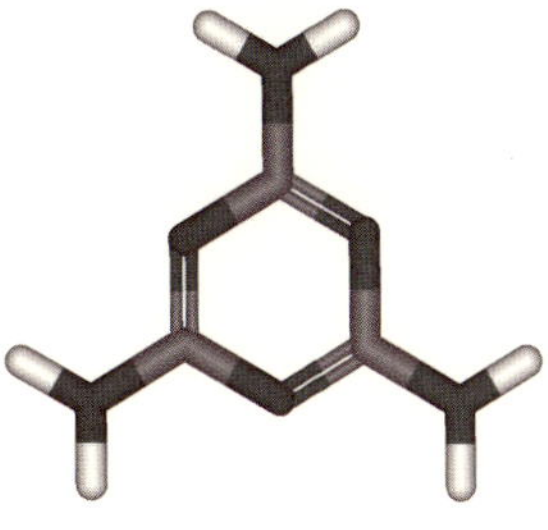

められてその機能を失ってしまいます。理科の実験室などでホルマリン漬けの標本を見たことがあると思いますが、実は「ホルマリン」というのはホルムアルデヒドの水溶液であり、「ホルマリン漬け」というのは生物のタンパク質を固めて腐敗を受けにくくする処置なのです。

毒性の原因

生命の機能を司るタンパク質を固めて変質させてしまうわけですから、ホルムアルデヒドには毒性もあることになります。戦後の混乱期に、メタノール入りの密造酒が出回って多くの人が失明したり命を落としたりといった事件がありましたが、これも直接の原因はホルムアルデヒドにありました。

体内に入ってきた酒（**エタノール**）を処置するのは、肝臓にあるアルコールデヒドロゲナーゼ（アルコール脱水素酵素）と呼ばれる酵素です。エタノール分子から水素原子を2つ奪ってアセトアルデヒドとする役回りの酵素で、これがさらに酢酸へと酸化されて体外へ排出されます（一種の解毒作用です）。

図2.15　エタノールの酸化

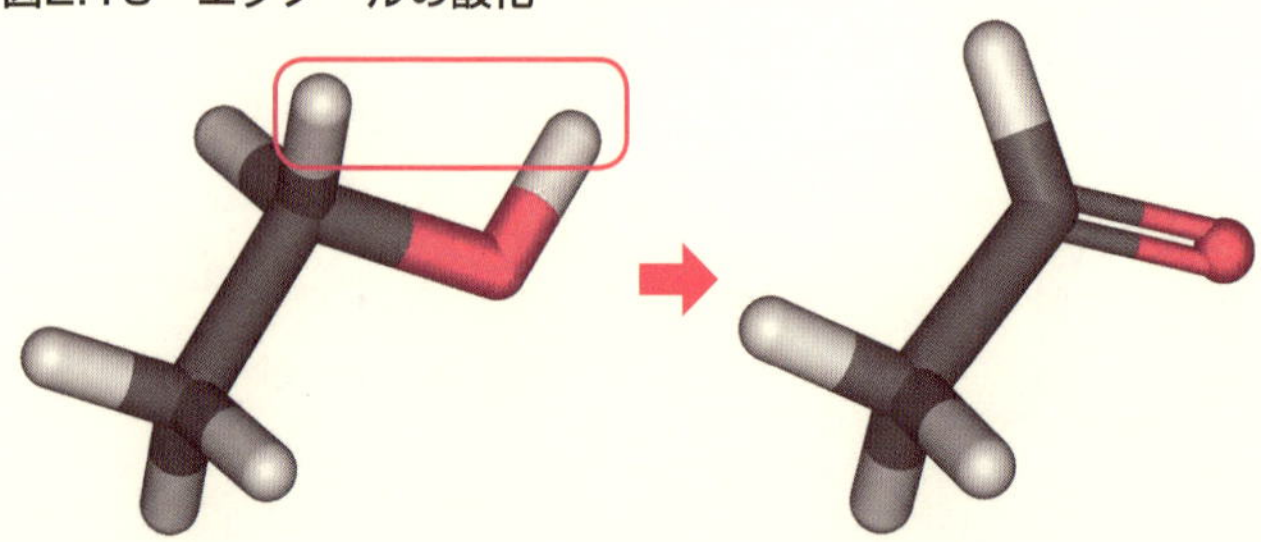

たいていの酵素の場合その働きは非常に厳密で、目的の物以外を処理することはあまりありません。ところがこのアルコールデヒドロゲナーゼはかなりルーズな酵素で、よせばいいのにエタノールだけでなく**メタノール**も酸化してホルムアルデヒドに変えてしまいます。こうしてメタノールを飲むと体内に大量にホルムアルデヒドが発生することになります（注4）。

網膜にあるタンパクはホルムアルデヒドと反応しやすく、このため容易に機能を失って失明に至ります。さらに大量のメタノール（コップ1杯程度）を飲むと全身のタンパクが破壊され、組織損傷を起こして最悪の場合死に至ることになります。いってみればホルムアルデヒドの毒性と防腐・殺菌作用は表裏一体、同じ事柄の両面であるに過ぎません。

シックハウス？

さて冒頭で書いた通り、ホルムアルデヒドは現在問題になっている**シックハウス症候群**（化学物質過敏症）の原因物質の一つと考えられています。新築の家の建材に使われた接着剤、プラスチックなどから原料のホルムアルデヒドが放散し、これを吸い込んだ人に頭痛・吐き気・思考力低下・皮

図2.16　メタノールの酸化

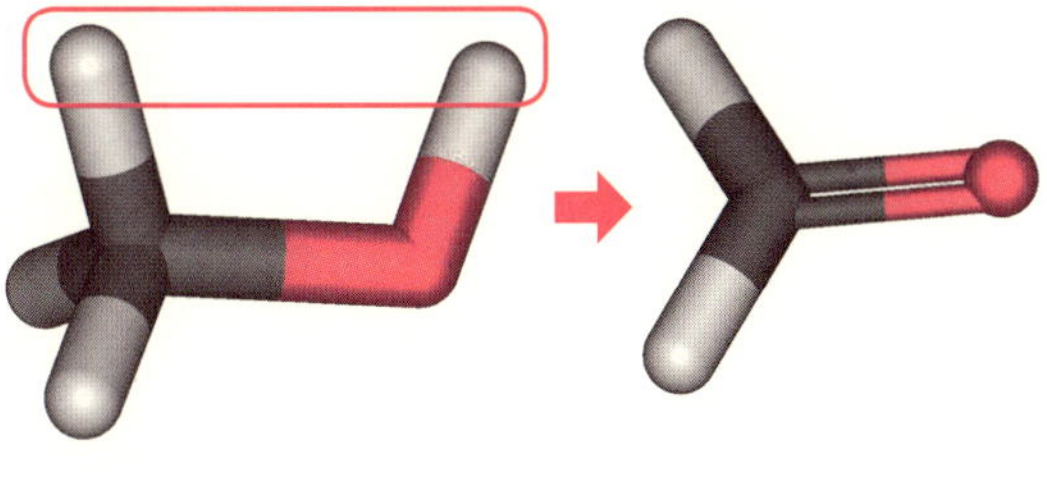

（注4）この他、ホルムアルデヒドがさらに酸化を受けてできるギ酸にも毒性があり、組織にダメージを与える。

膚炎・動悸・喘息など広範囲な症状を引き起こしているというものです。

では上に挙げたような毒性がシックハウス症候群の原因になっているのか、というと実はそうでもなさそうなのです。タンパクの変性による症状を引き起こすにはグラム単位のホルムアルデヒドを取り入れる必要がありますが、部屋の空気に混じるホルムアルデヒドの濃度はせいぜいppm（100万分の1）の単位で、いくら吸い込んでもタンパク質の変性を引き起こすにははるかに遠い価です。

またやはりシックハウスの原因とされている**トルエン・キシレン**（図2・17、18）などの揮発性有機化合物（VOC）は、ホルムアルデヒドとは性質も用途も似ても似つかない化合物ですが、人によって同じような症状を引き起こします。この他、防虫剤・ワックス・化粧品の成分など、さまざまな物質がシックハウスの原因になりえるといわれます。

ではいったいなぜ症状が起きるのか――。これは今のところ「わからない」という他ありません。特定の化学物質を吸い込み続け、ある一定のライン以上に蓄積すると突然に症状が起こるといわれますが、この「一定ライン」は人によって極めてまちまちで、たいていの人にはなんとも

図2.17　トルエン

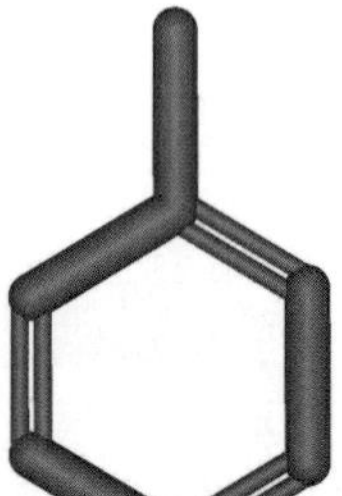

図2.18　キシレン

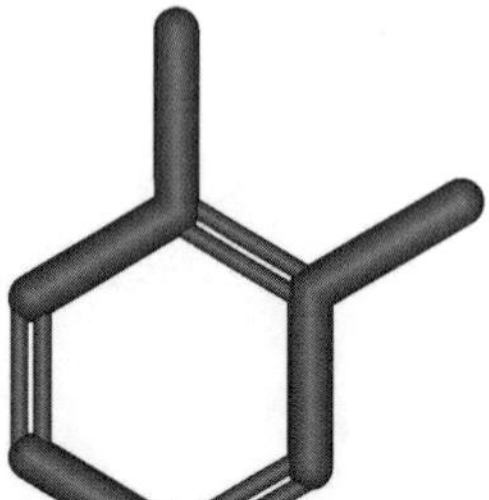

ない量の物質にも過敏に反応する体質の人があるわけです。
こうした病気は環境・食事・精神面など多様な要素が複合的にからみ合って発症すると考えられるため、真の原因を突き止めるだけでも非常な困難が伴います。実のところ、化学物質過敏症患者の訴える症状や発症条件はあまりにまちまちであり、統一的なひとつの病気として扱えるものであるのか疑問を呈する専門家も少なくありません。新居に入る時というのは、環境の変化によって心身が様々なストレスにさらされる時期でもあり、そこから生じる様々な症状の原因を家の臭いに結びつけて「シックハウスだ」と判定しているケースなども恐らくあることでしょう。このあたりは今後の研究の進展を待たねばならないところです。

とはいえ現在もシックハウス対策は進められており、ホルムアルデヒドなどの放散・吸入を最小限に抑える研究が進行しています。建材に使われるプラスチックや接着剤も最近はホルムアルデヒドを使わないタイプに置き換わりつつありますし、酸化チタンや鉄イオンで建材をコーティングし、悪臭物質やホルムアルデヒドを酸化分解してしまう商品も実用化されています。中でも酸化チタンは光のエネルギーによって活性酸素を発生し（人体に影響はありません）、細菌や有害物質を効率よく除去する力があるので、近年大きな注目を集めています。

安く便利であるという理由で多用されてきたホルムアルデヒドは、その安易な使用を見直さざるを得ない時期を迎えています。予想がつかなかったこととはいえ、化学が生み出した物質が人体にダメージを与えていることは事実で、その対策を立てるのは現代の化学に課された大きな義務でしょう。化学が環境を痛めつけてきたのは残念ながら事実ですが、これに立ち向かうことができる唯一の学問もまた化学だけです。

2-6 バイオエタノールの是非

石油時代の終焉

アメリカで最高の人気を誇るカーレースといえば、91回の歴史を誇る「インディ５００」でしょう。しかし２００７年に行われた大会では、サーキットは前年までとは違った匂いに包まれていました。それまでのメタノール燃料に替えて、この年から同レースでは「環境に優しい」**バイオエタノール燃料**を全面的に採用したのです。これは何かと環境保護団体の目の敵にされがちなモータースポーツ界からの一つの回答であり、また大胆にバイオエタノール政策へと舵を切ったアメリカの新たな方向性を示す一つのデモンストレーションでもありました。しかし話題のバイオエタノールは、本当に温暖化・原油高騰に対する切り札になりえるのでしょうか？

バイオエタノール燃料を全面採用した「インディ 500」
（写真提供：HONDA）

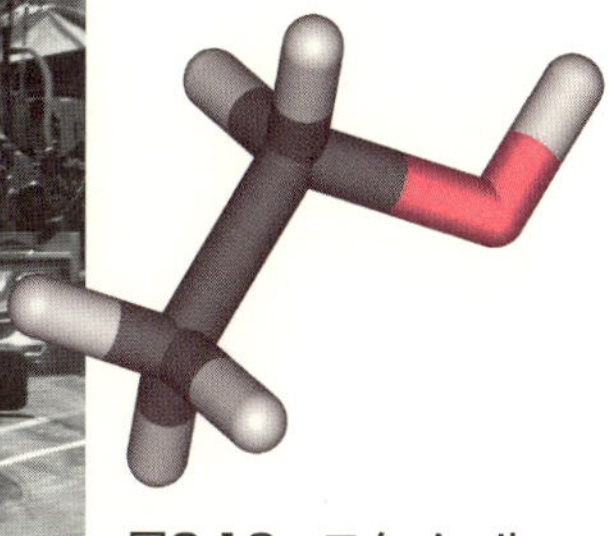

図2.19　エタノール

我々が何をするにせよ、エネルギー源は絶対に必要です。人力のみに頼っていた時代から風力・水力・蒸気機関など、新たなエネルギー源が発明されるたびに文明は大きな飛躍を遂げてきました。そして現代、人類を支える最も重要なエネルギー源はいうまでもなく石油です。コップ1杯のガソリンは、四人家族と荷物を満載した1トン以上もある自動車を、数キロも先まで運ぶ力を秘めています。また石油は火力発電所で電気を起こすもととなりますし、プラスチックや化学繊維など様々な化学工業原料としても極めて重要です。このため太平洋戦争・湾岸戦争など、20世紀の大きな戦争はいずれも石油の奪い合いから起こりました。20世紀は石油が動かしてきた世紀であったといってもいいでしょう。

20世紀は石油の世紀ともいわれるぐらい、世界は石油を中心に動いてきた。写真はイラクのルマイラ（Rumailah）の油田
（写真提供：AP Images）

ところが、石油の埋蔵量にはすでに限界が見え始めています。早ければ2010年代には石油の需要が供給可能な量を上回ると見られ、それを見越した投機筋による買い占めが現在の石油価格高騰の原因と言われています。また急速な経済発展を続ける中国・インドなどでの大量使用、中東の政情不安定などもこれに拍車をかけています。

また石油を燃やしてエネルギーを得るということは、とりもなおさず地下に眠る炭素分を汲み上げ、二酸化炭素の形で大気中に放出することに他なりません。いうまでもなく、これこそが地球温暖化の最大の原因です。あまりにも便利であったため何の考慮もなく燃やしてきた石油に、無批判に依存することはもはや許されなくなっているのです。

次世代エネルギーの条件

では石油に代わる次世代エネルギーとして、求められる条件は何でしょうか？　ただ燃えて熱を出せばよいのであれば紙でも木でも可燃ゴミでも何でも構わないわけですが、火力発電所や自動車の動力源として用いるには次のような条件が満たされている必要があります。

❶貯蔵・輸送が簡単であること
❷均質なものを大量に、安定的に供給可能であること
❸安全性が高いこと
などです。石油はこれらの条件をよく満たすため、長年にわたりエネルギー源の王者の地位を保ってきました。
そして今後は重要なポイントとして
❹地球温暖化の原因になる、二酸化炭素を出さないこと
が求められることになります。

これらを満たす新エネルギー源として、急速に浮上してきたのが話題のバイオエタノールです。水素やメタンなどは長所もあるものの、気体であるためスペースを食い、貯蔵・輸送に難があります。その点エタノールは液体ですし、沸点が適当なので蒸留による精製が簡単に行えます。またトウモロコシなどから大量に得られるデンプンを醗酵させて製造可能なので、❷の条件をもよく満たします（「バイオ」という接頭語は、石油などでなく植物由来であることを示しています）。また当然毒性や、引火などの危険性も比較的低いですから、❸の安全性についても文句なしでしょう。

❹については少々説明を要します。エタノールも炭素を含む以上、燃やせば二酸化炭素を出すことには変わりありません。ただしバイオエタノールは植物が大気中の二酸化炭素を吸収して作ったデンプンを起源としていますから、燃やしてもその炭素は大気に戻るだけであり、トータルで見て空気中の二酸化炭素濃度を（理論上は）上げることがありません。これを「**カーボンニュートラルである**」と表現し、現在注目される考え方です。このため京都議定書では、バイオ燃料を燃やして出した二酸化炭素は各国の放出量にカウントしないことになっており、世界が競って開発に取り組む原動力となっています。

バイオエタノールの問題点

と、こう書いてくるとバイオエタノールは夢の燃料であるようですが、近年弊害も数多く指摘されていることはご存知の通りです。バイオエタノールに関する批判をまとめると、以下の3点になると思います。

❶食料との競合、それが招く物価高騰
❷エタノール生産のための耕地拡大が環境破壊につながる

❸ 実際には二酸化炭素削減につながらない

まず、アメリカでバイオエタノールの主原料になっているのはトウモロコシです。我々日本人はトウモロコシをそれほど食べている印象はありませんが、実は家畜の飼料などとして重要であり、意外なことに日本国内での消費量はコメの2倍近くにもなります。ブッシュ政権はそのトウモロコシを大規模に燃料生産に回す政策を推進しており、2017年にはバイオエタノールの生産高を現在の6倍以上、1・3億キロリットルにまで引き上げると発表しています。しかしそのためトウモロコシの価格は、2006年から07年にかけて2倍にも高騰しました。飼料の値上がりのためまず畜産農家が悲鳴を上げ、当然それは肉の価格に転嫁されます。またトウモロコシ栽培が優遇されたため、大豆などを作っていた耕地がそちらに回され、あおりを受けて多くの食料品の価格がいっせいに上昇しています。何より世界には何億もの飢えた人々がいるのに、先進国の都合で食料を燃料に変えて車を走らせることが許されるのか、これは大いに問題でしょう。

2007年の段階ですでに、アメリカ産トウモロコシの約2割がエタノール生産に振り向けられています。今後さらにそれを拡大するとなれば遺伝子組み換えなどによる収穫量向上だけでは追いつかず、各国で森林が切り開かれてトウモロコシが生産されるようになるでしょう。トウモロコシ畑の二酸化炭素吸収能力は森林のそれにははるかに及びませんから、バイオエタノールは表面上クリーンなエネルギーであっても、トータルで見て大気中の二酸化炭素をかえって増やしてしまう可能性が高いのです。

また、バイオエタノールの生産には栽培、収穫、運搬、蒸留などの各段階でエネルギーを消費しますので、ここに化石燃料が用いられて二酸化炭素が放出されます。バイオエタノール生産のために投入されたエネルギーを10とした場合、得られるエネルギーは楽観的に見ても11か12でしかないという試算もあり、下手をすれば手間暇をかけた上にエネルギーを損しただけということにもなりかねません。

では二酸化炭素削減の効果はどうか？　エタノールは燃やしたときに石油に比べて放出するエネルギーが低く、同じ量のガソリンを積んだ車が100キロメートル走るとき、エタノール車はたった60キロメートルしか走れません。また普通の車に多量のエタノールを含んだ燃料を用いるとゴムなどの部品が劣化するため、3パーセントほど混ぜるのが限界です。エタノールを**ETBE**（図2・20）という物質に変えてガソリンに混ぜる方法もすでに試されていますが、これも添加量に限界がありますから、いずれにしろ大した二酸化炭素削減にはつながりそうにありません。こうしたもろも

図2.20　ETBE

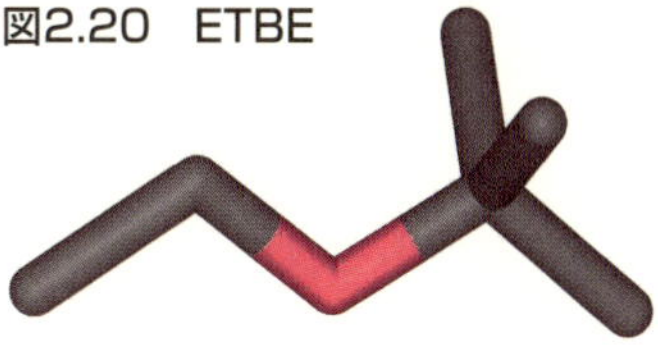

●ETBE
エチルターシャリーブチルエーテルの略。石油から得られるイソブテンと、エタノールを反応させて得られる。

ろの事柄を考え合わせると、トウモロコシ由来のエタノールは物価高騰を招き、森林を破壊し、エネルギー問題にも二酸化炭素削減にもほとんど寄与しないか、下手をすると悪影響さえ及ぼしかねない可能性が高いのです。

ではバイオエタノールに未来はあるのか？　実は以下に述べるように、すでに次世代バイオエタノールの研究が着々と進んでいるのです。

ブラジルのバイオエタノール事情

ここまで述べたように、トウモロコシなどを原料として作られるバイオエタノールは、食料との競合など多くの問題を抱えています。では他の原料から作る手だてはないのか？　実はこちらの研究も現在精力的に進められています。

ブラジルでは、サトウキビがバイオエタノールの原料として用いられています。ブラジルでは１９７３年のオイルショックの時、大胆にエネルギー政策を転換して石油依存を脱却し、サトウキビからエタノールを大量生産することに成功しました。すでに同国では純エタノール燃料や20パーセントエタノール含有ガソリンで走る特別仕様車が普及しており、２００６年には石油輸入量ゼロを達成しているというバイオエタノール先進国なのです。ブラジルではサトウキビから糖蜜を取った絞りかすを燃料に使うなど効率化を進めており、トウモロコシ原料のエタノールに比べて6～7倍ほどエネルギー収支に優れているといわれます。

ならばブラジル以外の国でもサトウキビを使えばいいではないか――と思うところですが、残念ながらサトウキビは熱帯でしか育たない植物であり、日本やアメリカがまねをできる話ではありません。またブラジル政府はサトウキビの増産のためアマゾンの大規模な開発を進めており、燃料確保のための自然破壊、食料との競合という問題は依然として残っています。

シロアリが地球を救う？

実は、**デンプン**と同じくブドウ糖からできた化合物が、世の中には大量に存在しています。それこそが**セルロース**という化合物で、植物の重量の3分の1から4分の3を占めています。実のところ現在不要物として廃棄されている木や草、稲わら、紙くずなどはほとんどセルロースの塊であり、ここから効率よくエタノールを作れれば、同量のガソリンに比べて90パーセントの二酸化炭素削減効果があるという試算もあります。原料も十分にありますので、環境破壊や食料との競合も問題になりません。

それなのにセルロースが今のところ原料として使われていないのは、ひとえにセルロースが極めて分解されづらいからです。デンプンもセルロースもブドウ糖の分子が一列につながった構造であることは同じなのですが、ただつながり方だけが違うのです。デンプンではブドウ糖分子が階段状に並んでいるのに、セルロースではこれが一直線につながっており、このためにセルロースはきっちりした束になって頑丈な繊維になってしまうのです（図2・21、22）。逆に言えば植物が進化の過程で自らの体を作る素材にセルロースを選んだのは、こういう分解されにくく丈夫な材料であるからこそであったともいえるでしょう。

が、この頑丈なセルロースを分解する手だてもないわけではありません。例えばヤギやシロアリは紙や木材を食べてしまいますが、これは腹の中にセルロースを分解する細菌を飼っているからです。こうした細菌の持つ酵素を改良し、セルロースからエタノールを作る研究が世界で進められています。あるいは嫌われ者のシロアリが、世界を救う日がやってくるのかもしれません。

図2.21　デンプン

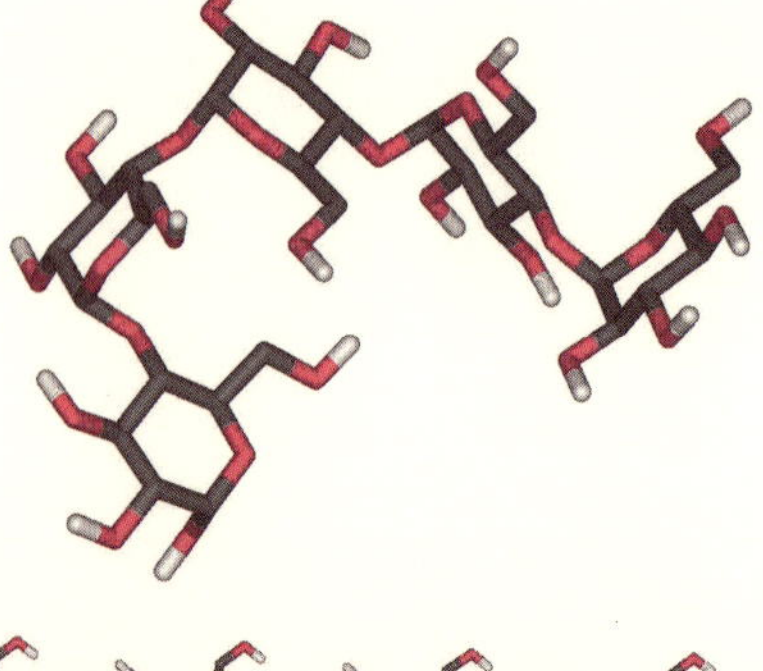

図2.22　セルロース

日本のバイオエタノール

が、セルロース系エタノールはまだコストが高く、実用化にはまだ時間がかかりそうなのが現状です。しかしデンプン系エタノールの無理が露呈しつつある現状ではこの路線を目指すしかなく、逆に言えばデンプン系エタノールはセルロース系エタノールまでのつなぎ、技術やインフラの整備としてなら価値があるが、それが実現しないならバイオエタノールなどやめてしまうべきという見方もあるでしょう。

日本でも、北海道の小麦などを原料としたバイオエタノール生産がすでに始まっています。しかしアメリカのトウモロコシを全てバイオエタノールに回してもガソリン需要の12パーセントにしかならないというのに、耕地の狭い日本ではいくら頑張ってもさして足しにはならないことでしょう。というわけで日本でバイオエタノールを利用するとしたら、今のところブラジルから輸入するのが恐らく最も効率的な策になると考えられますが、はるばると地球半周分の距離を引っ張ってくるのは大変なエネルギーの無駄です。

ならば日本の強みとはなんでしょうか？　日本には耕地はなくとも、約４４７万平方キロ（世界第6位）という広大な領海があります。ここで海藻を栽培し、洋上に建てた工場でバイオエタノールを生産するという案があるのです。海中に浮かせた網にコンブやホンダワラなどの成長の早い海藻の種をまき、得られるアルギン酸やフコイダンなどの多糖類を分解して糖類としようというものです。日本の領海の1パーセントをこのバイオエタノール工場とするだけで、国内のガソリン需要の1割をまかなえるという試算もあります。もちろん生態系への影響を慎重に見極める必要はあるでしょうが、非常に夢を持てる話ではあります。

もちろんこれらの燃料は、まだまだコスト面などで石油に打ち勝つには至りません。しかし地球温暖化・石油枯渇という面前に迫った問題に立ち向かうため、有力な選択肢の一つとして育てていかねばならない技術と考えられます。バイオ燃料には他にもいくつかの種類があり、地域特性に合わせて様々な可能性が考えられます。地球温暖化という差し迫った問題を後ろ向きに捉えるのではなく、ビジネスチャンスと見て積極的に取り組むといった姿勢が今後は求められていくのではないでしょうか。

第3章

食品不安

3-1 合成着色料

「買ってはいけない」か?

1999年夏、『買ってはいけない』という本が出版されて大きな話題を呼び、200万部を突破する一大ベストセラーとなりました。食品・医薬・日用品・家電製品など様々なジャンルの商品を取り上げ、データ入りで一つひとつ糾弾する構成で、その後の消費者運動にも大きな影響を与えているようです。とはいえその内容の信憑性には発売直後からずいぶんと疑問が投げかけられ、多くの議論を巻き起こしたことも事実です。

筆者もこの本を読みましたが、中にはもちろん「なるほど」と思える指摘もあるものの、科学的に問題のある記述が多すぎ、全体としてとうてい信用する気になれない代物であるというのが正直なところです。それでもこの本の影響は絶大で、発売から数年が経過した今でも、インターネットを検索すればこの本の引用と思える記述が山ほど出てきます。

その『買ってはいけない』では、合成着色料を含んだ商品が多く槍玉に挙がり、口を極めて非難されています。もちろん着色料は食品に入っていても食べる側にとっては何もメリットがないものですから、使用しないに越したことはありません。しかしそれが実際にどんなもので、どんな毒性を持つものなのか知っておく意味は十分にあるでしょう。

いわゆる合成着色料には**赤色2号**、**青色1号**、**黄色4号**など十数種類が認可されて使われています（図3・1～3）。『買ってはいけない』ではこれらを「タール色素」と呼び、〝当初発ガン物質のコールタールを原料として作られていたためこの名がついた〟としています。しかしコールタールは多くの化合物の混合物であり、発ガン性があるのはそのごく一部です。また原料と色素は全く別の化合物ですから、原料に毒性があろうが発ガン性があろうが何の関係もなく、現在はタールから合成しているわけでもありません。

図3.1　赤色2号

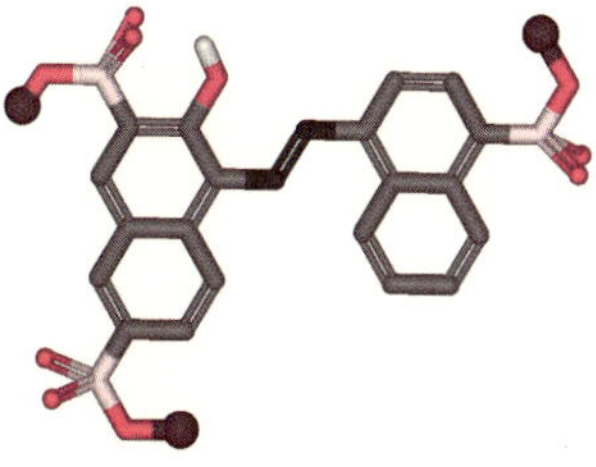

図3.2　青色1号

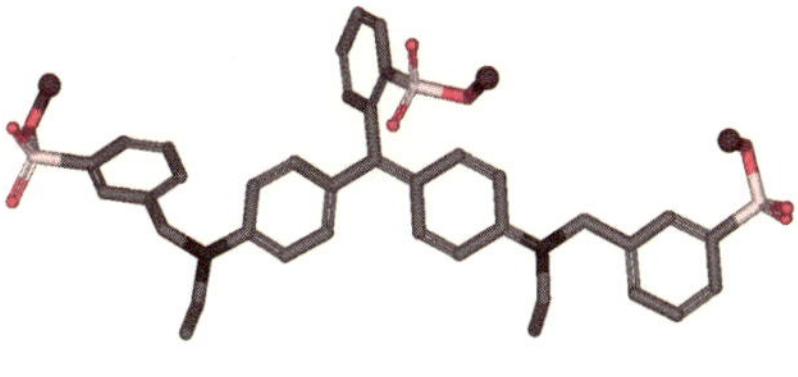

図3.3　黄色4号

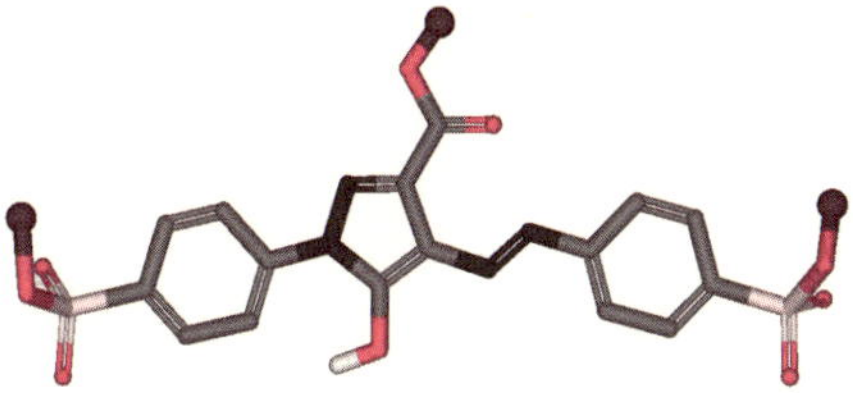

不安を煽るだけの、詐術に類する文章でしょう。

また「ベンゼン環を含む化学構造から、発癌性や催奇形性、環境ホルモン作用などが疑われる」という記述もあります。これなども、化学を少しでも知っている者からすればちょっと信じがたいほど雑な物言いです。ベンゼン環を含む化合物はタンパク質やビタミン、ホルモンなどにいくらでも例があり、これを疑っていたら我々は食べる物がありません。構造だけからその物質がどのような活性を持つか予測をするなどは不可能なことで、大きな分子のほんの一カ所が変化しただけでがらりと生理活性が変化してしまうのはざらにあることです。このため安全性の検査には一つひとつの物質について、厳密な試験を行なう必要があるのです。

着色料はアルコールより安全

食品添加物の毒性試験はマウスなどの実験動物を用い、急性、亜急性、慢性、変異原性など11項目の厳密なテストを行なって、一生涯にわたって食べ続けても影響が出ない、安全な使用量を確認します。しかも万一に備えて、添加物として用いてよい量はこの100分の1以下と決められています。色素の発色は強烈なので、実際にはこの基準のさらに数分の1から数十分の1しか用いられていないケースがほとんどです。

例えば「ザ・カクテルバー」の項目で取り上げられている**赤色106号**（図3・4）の動物実験の結果を人間に当てはめてざっと計算すると、一日数千本の「カクテルバー」を2年近く飲み続けて、やっと肝機能の数値に多少影響が出るという程度です。要するに「カクテルバー」を飲み過ぎて糖分やアルコールのせいで体を壊すことはあっても、赤色106号によって体調を崩すのは事実上不可能です。他の合成着色料に関しても毒性はほぼこれと同レベルで、その必要使用量を考えれば「合成着色料はアルコールや砂糖よりはるかに安全な化合物である」という言い方さえできないこともありません。

しかしこうした規制拡大の波はその後も広がっているようで、2004年には食品の着色料として用いられる**アカネ色素（アリザリン）**に発ガン性があることが確認され、厚生労働省が使用禁止を通告しました（図3・5）。「合成だけでなく天然色素でも安心はできないのか」と、だいぶ不安の声が挙がったようです。

図3.4 赤色106号

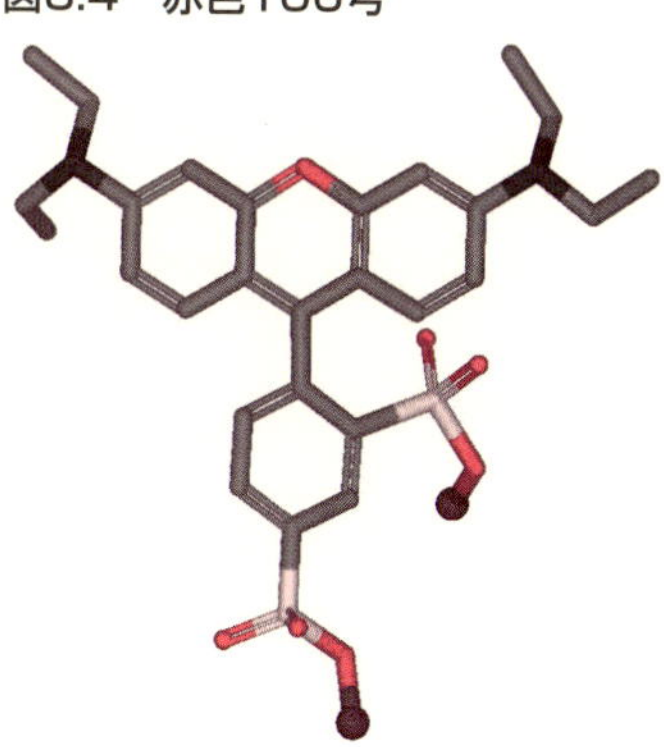

図3.5 アリザリン

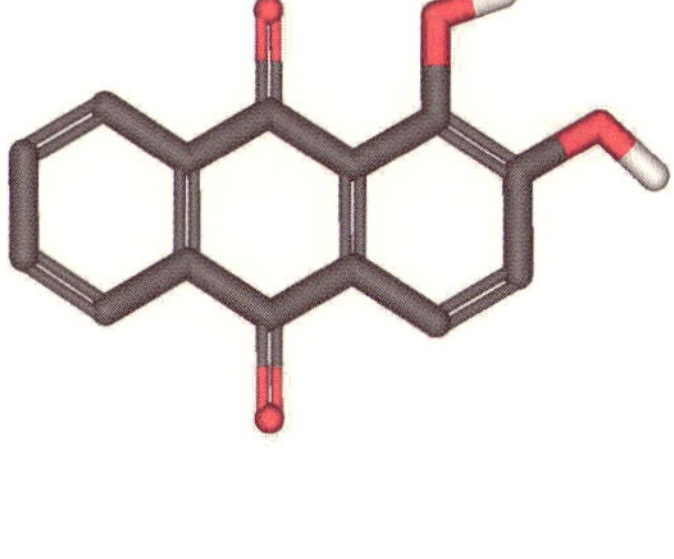

しかしこの件を伝えた多くの新聞や、厚生労働省のサイトなどでも、どれだけの量を食べればガンが起きるのかといったことについてほとんど触れられていないのは非常に疑問です。唯一詳しい実験内容が伝えられていたある新聞の見出しによれば「強い発ガン性確認」とあり、「アカネ色素が5パーセント混入したえさを2年間与え続けたマウスのうち、雄の80パーセントが腎臓がんを発症した」ということです。さて果たしてこれが「強い発ガン性」といえるようなものなのでしょうか？

マウスは非常に大食いな動物で、1日に体重の15〜30パーセントものえさを食べないと生きていけません。その5パーセントというのは人間でいえば500グラム近い量を毎日食べ続けることに相当し、この量を食べて無害な物質というのはそうあるものではありません（食塩は約200グラム、**カフェイン**は5グラム前後、**ニコチン**ではわずか60ミリグラムを食べれば死に至ります）。ましてアリザリンはあまり水溶性の高い物質でもありませんから、この実験条件は毎日砂を大量に食べているも同然であり、これを2年も続けていれば何か臓器に障害が起きるのが当然と思えます。

実際には食品に含まれている着色料の量は多くてもせいぜい数ミリグラム

図3.6　カフェイン

図3.7　ニコチン

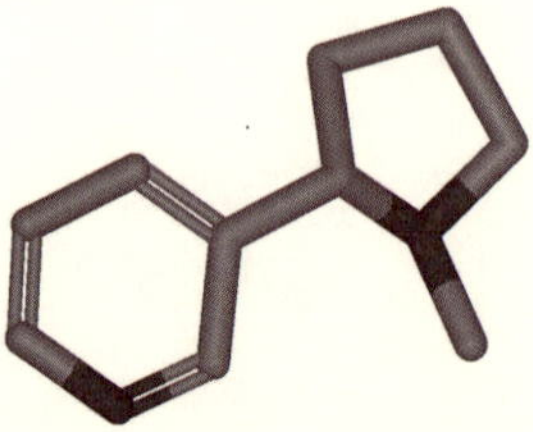

といったオーダーであり、ガンを起こすのに必要な量の数十万分の1といったところです。日本国内に流通するアカネ色素を含んだ食品は年間20数トン程度（アカネ色素が20数トンではありません）ということですから、国民一人あたりにならせば1日約0・5ミリグラムであり、とうてい問題になる量とは思えません。

ごく微量とはいえ発ガン物質が入っているのは怖いという方もおられるでしょうが、実をいうと我々はもっと大々的に発ガン物質を自ら進んで取り入れています。その物質の名は**エチルアルコール**です。酒の飲み過ぎが原因で肝臓などにガンを発生することはよく知られていますが、実はこのリスクは農薬や合成着色料などのそれに比べてはるかに高いのです。食品添加物と同じ計算でエチルアルコールの摂取量を規制すると、一日に取り入れてよい量はどのくらいになると思われるでしょうか？　なんと日本酒を一日0・1ミリリットル飲むともう基準値を超えてしまうのです（もちろんアルコールには体によい面もありますので、一概に規制すべきということにはならないでしょうが）。とにかく着色料というのは、そのくらい厳しい基準をクリアしている化合物群なのです。

とはいえ前述したように、こうした色素類は我々にとってメリットは何一つないものです。詳しい因果関係ははっきりしていないものの、近年問題になっている児童のＡＤＨＤ（多動性障害）と着色料の摂取を結びつけるような議論もあります。利益は何もなく、リスクはゼロではない以上、着色料は避けられるならそれに越したことはありません。ただしこれもあまりに神経質になって、重要な栄養素の欠乏を招くようでは（特に成長期の子供にとっては）弊害の方が大きいということにもなりかねません。摂らないで済むならそうすべきだが、必要以上に恐れるべきでもない——といったところが、着色料に対するあるべきスタンスなのではないでしょうか。

3-2 甘味料の話

体が甘味を欲しがるわけ

太るとわかっていても、美容や健康に悪いと知りつつも、甘いものだけはやめられないという人は少なくありません。どうやら「甘み」というのは、人間の最も根源的な欲求につながる感覚であるようです。甘い化合物、すなわち糖類というのはご存知の通りカロリーが高く、体を動かすエネルギーの元になる重要な化合物です。食料が乏しかった原始時代においては、カロリーの確保こそが生存のための最優先課題であったでしょうから、糖類を取り入れると快楽を感じるように人類の味覚が進化したのは、ある意味当然のことであったでしょう。

しかし食料の豊富な現代にあっては、逆にカロリーの摂りすぎこそが成人病という形で生命を脅かすようになっています（皮肉なことに、今や先進国で人命を脅かす最大のリスクファクターは肥満であり、逆に途上国のそれは飢餓であるといわれます）。となれば味覚の方も状況に合わせて甘いものを嫌いになるよう変化してくれればいいのですが、生命の作りというのはそう一朝一夕に変わるものではありません。我々の体の進化は食糧事情の変化に追いついておらず、いまだに原始時代の古い記憶を引きずったまま、甘さという快楽だけを追い求め続けているのです。この「感覚」と「社会状況」のずれが、現代の我々に糖尿病や肥満、メタボリック症候群といった疾患をもたらしているわけです。

この「ずれ」を解消するには、「カロリーにならない甘み」という都合のいいものがあれば一番よいわけです。したたかな人類はそうした物質を追い求め、現実にそれを作り出しました。それこそがこの項で取り上げる「**人工甘味料**」たちであるわけです。

甘味料いろいろ

人工甘味料は大きく分けて、天然の糖類を変化させて作り出されたものと、構造的に糖類と縁もゆかりもない全くの人工化合物の2種に大別されます。前者の代表はパラチノース、マルチトール、スクロースなど、後者の代表がサッカリンやチクロ、アスパルテームといった化合物です。

図3.8　糖類の代表　砂糖（スクロース）

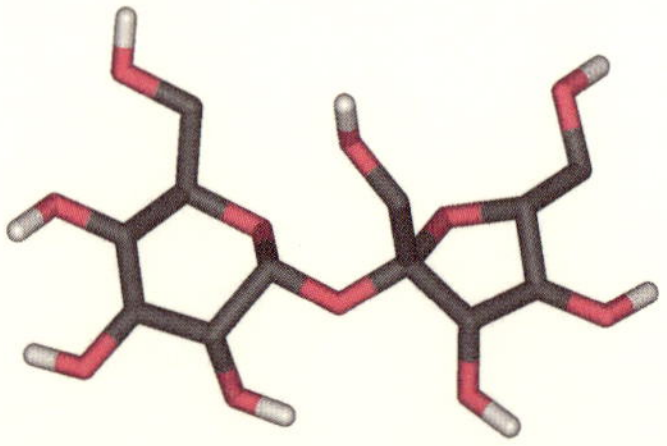

図3.9　パラチノース

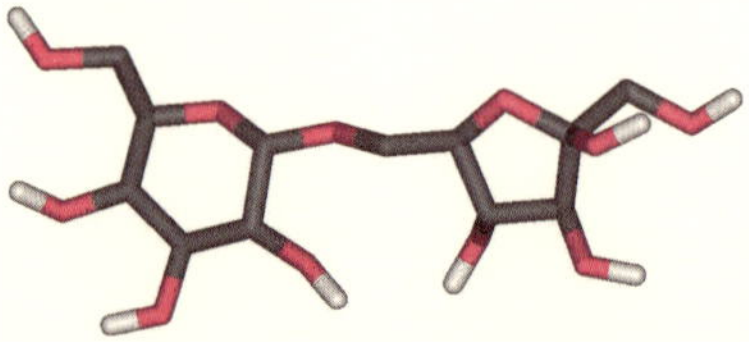

パラチノースは砂糖（スクロース）を酵素で処理して2つの糖のつながり方を変えたもの、**マルチトール**は麦芽糖（マルトース）の一方の糖が還元された形のものです（図3・9、10）。いずれも体内では消化を受けにくく、このためカロリーの摂りすぎの原因になりにくいのです。また虫歯の原因となる細菌もこれをエネルギー源にできないため、虫歯にもなりにくいといわれます。

スクラロースは砂糖のヒドロキシ基のうち3つを、化学反応によって塩素原子に置き換えたものです（図3・11）。これを初めて合成した大学院生が、電話で「その化合物をテスト（test）してくれ」と言われたのを「味見（taste）」と聞き違え、なめてみたら驚くほど甘かったというまるで冗談のようないきさつで発見されました。その甘みは砂糖の600倍にも達するので使用量は少なく済み、今や人工甘味料の王者的存在になっています。スクラロースの塩素原子はヒドロキシ基に大きさがよく似ているため、舌にある「甘味受容体」にすっぽりとはまりこみ、本物の砂糖よりもさえ強く結合して甘味を感じさせます。しかし胃腸はこれにだまされず、これは糖分ではないと認識するため体内に吸収され

図3.10　マルチトール

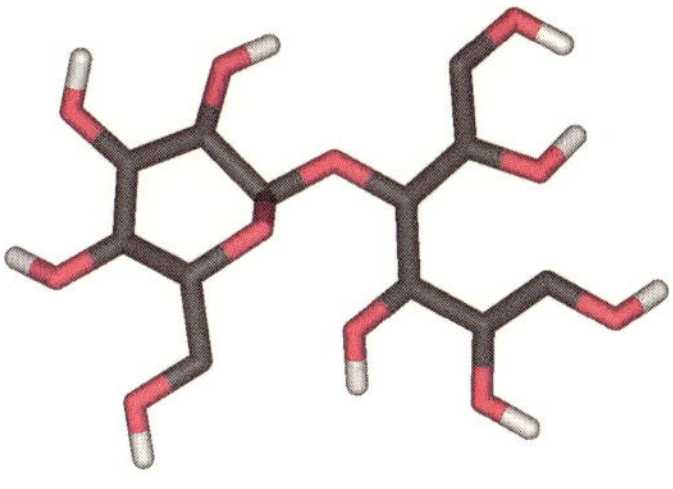

図3.11　スクラロース

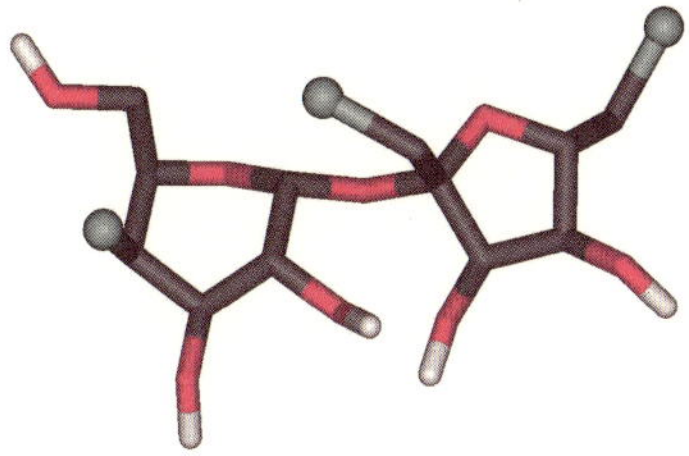

ることなく素通りしていくのです。スクラロースが驚くほど甘いのに、カロリーにはならないのはこのためです。

有機塩素化合物というとダイオキシンやPCB、DDTなどの印象があって体に悪い印象を持たれがちですが、スクラロースの毒性は取るに足りません。『新・買ってはいけない4』によれば「ラットに5％を含むえさを4週間食べさせたところ、脾臓及び胸腺の萎縮が認められた」とのことで、この「5％」という数字がいかに現実的な摂取量からかけ離れた量であるかは、アカネ色素のところで述べた通りです。

「それでも毒性がゼロというわけではないのだろう、そんなものは食べたくない」という方もおられるかもしれませんが、これは毒性が出るのが当たり前なのです。毒性試験というものは何らかの悪影響が出るまで投与量を増やし、どこまでなら食べても安全かを確認するためのものだからです。そしていくら食べても全く悪影響が出ないものなど、この世には存在しません（注1）。

さてこれらの甘味料は体内で消化・吸収されないため、基本的に体に影響を与えることはないと考えられます。ただし体質により大量に摂取すると一時的にお腹が緩くなるケースがあり、そんなものを食べ物に入れるべきではないという人もいます。ただし牛乳に含まれる乳糖によっても、同じように下痢を起こす人はいます。生ガキを

（注1）水にさえ致死量がある。例えば2007年アメリカで行われた「水のがぶ飲み大会」で、7.6リットルの水を飲んだ女性が「水中毒」で亡くなるという事故が起こっている。

食べて何度か酷い目に遭っている筆者など、こちらの方がよほど危険な食べ物ではないかとも思うのですが、これらに怒る人がいないのは考えてみれば不思議なことです。

一方、全く糖類とは違う構造を持つ人工甘味料も多数開発されています。サッカリン、チクロ、アスパルテームなどいずれも非常にイメージの悪い化合物なのですが、これらについては次項で述べましょう。

3-3 アスパルテーム

合成甘味料たち

「合成甘味料」というのは、恐らく現在用いられている食品添加物の中で、最もイメージが悪いものの一つでしょう。その原因を作ったのは**ズルチン**や**チクロ**、**サッカリン**といった、かつて大量に用いられていた甘味料です。これらは砂糖とはずいぶん違う構造を持ちますが、いずれも砂糖の数十倍から数百倍という強い甘みがあります。このうち**ズルチン**（図3・12）は肝臓への障害、発ガン性が判明したため、1969年に使用が禁止されました。また**チクロ**（図3・13）も分解物であるシクロヘキシルアミンに発ガン性があるとされ、今では市場から姿を消しています（ただしチクロは実際には非常に分解されにくいので、その心配は実際にはないともいわれます。「発ガン性を実証した」という実験も、チクロの錠剤を膀胱に直接埋め込むという現実からかけ離れた条件で、そんなことをすれば障害が出ない方が不思議でしょう）。また**サッカリン**（図

図3.13　チクロ
（シクラミン酸ナトリウム）

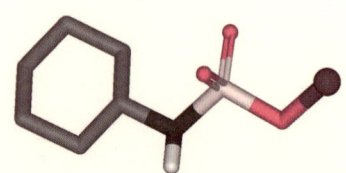

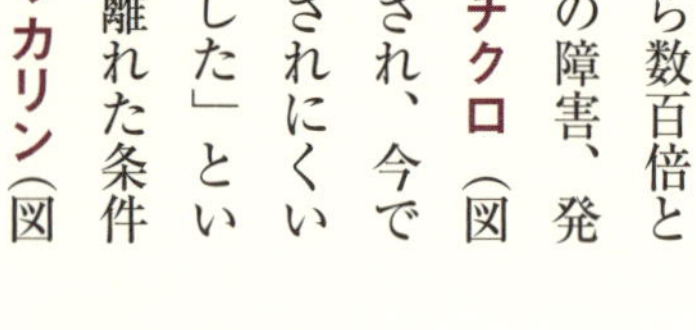

図3.12　ズルチン

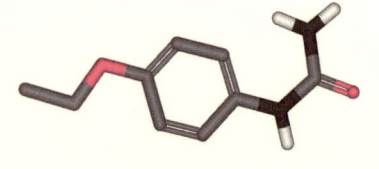

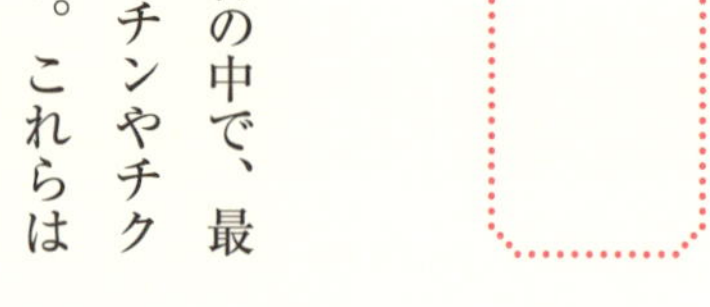

3・14）は発ガン性の疑いが捨てきれないとして一度は使用が禁止されましたが、糖尿病患者のために是非とも必要な甘味料であるとして規制の見直しを求める運動が起こり、現在では発ガン物質指定は解除されています。現在はこれに似た構造の**アセスルファムカリウム**（図3・15）も認可を受け、菓子類などに使用されています。

アスパルテーム登場

さてこうした状況の中、アメリカのサール社によって開発されたのが**アスパルテーム**です（図3・16）。砂糖の180倍という甘さを持ちながらカロリーは20分の1であり、甘味料としてはまさに理想的です。1965年、同社の研究員が指にこの化合物がついているのに気づかず、薬包紙を取ろうとして指をなめたところ驚くほど甘かった、というところからその甘みが発見されました。無神経なことで化学者としてはあまりほめられたものでもありませんが、甘味化合物はほとんどこのような偶然によって見つかっています。

アスパルテームは一見ややこしい構造ですが、実はアスパラギン酸とフェニルアラニンという2つの天然アミノ酸が結合しただけのものです。後に述

図3.15　アセスルファムカリウム

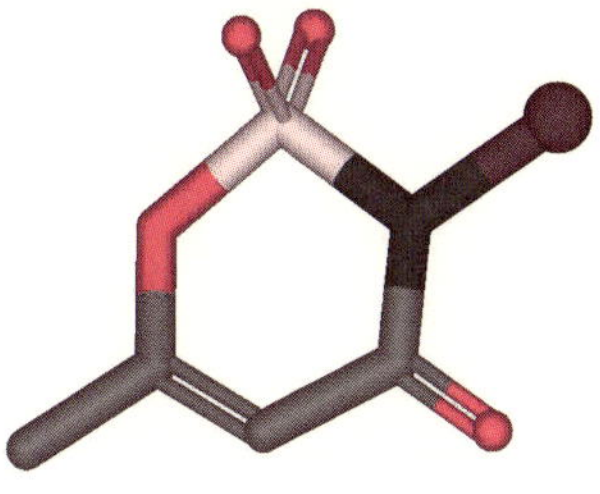

図3.14　サッカリン

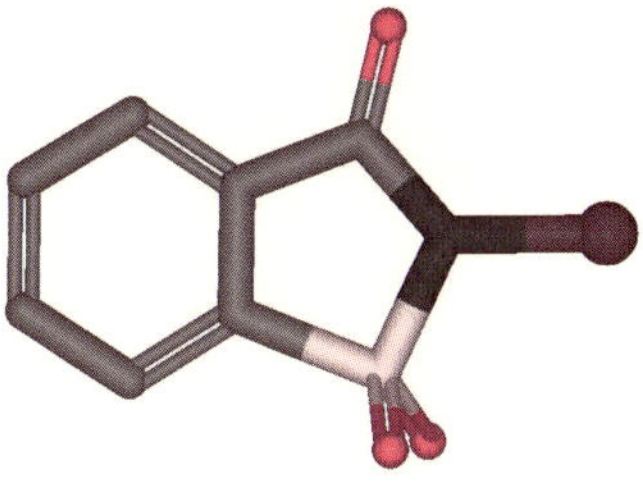

べる通り、生物の体の主要部分を構成するタンパク質は20種類のアミノ酸が数珠つなぎになったものです。要するにアスパルテームは、どこにでもあるありふれたタンパク質の断片であるに過ぎません。

アスパルテームは体内に入ると、2つのアミノ酸とメタノールに分解されます（図3・17）。アミノ酸はもちろん無害、メタノールには毒性がないでもありませんが、分子全体に占める割合が小さいため、体への影響は無視できる量です。例えばコーヒー1杯に入れるアスパルテームが分解してできるメタノールは3ミリグラム前後ですが、フルーツジュースはコップ1杯に60ミリグラム、ある種の醗酵飲料は３００ミリグラムものメタノールを含みます。この程度の量ならば体は問題なくこれを処理してしまいます。こうしたことは、甘味料の危険を訴える本では、一言も触れられていませんが――。

こうした本では、アスパルテーム投与実験の結果、脳神経異常、ポリープ発生、内臓異常、体重減少などの結果が出たと指摘します。しかしこれは先ほども述べた通り、毒性試験というものは実験動物に何らかの異常が出るまで投与量を上げて結果を出すことになっているからです。試

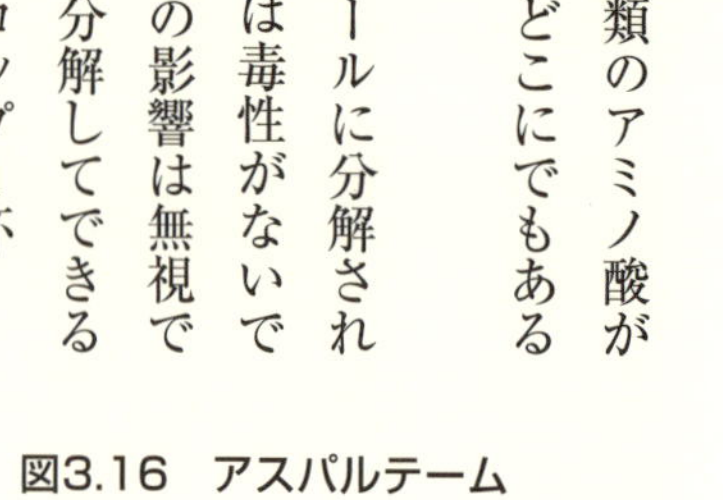

図3.16　アスパルテーム

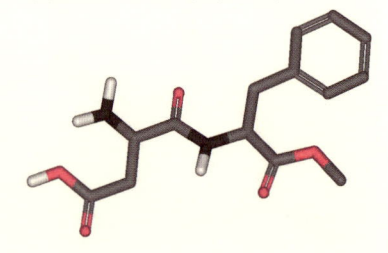

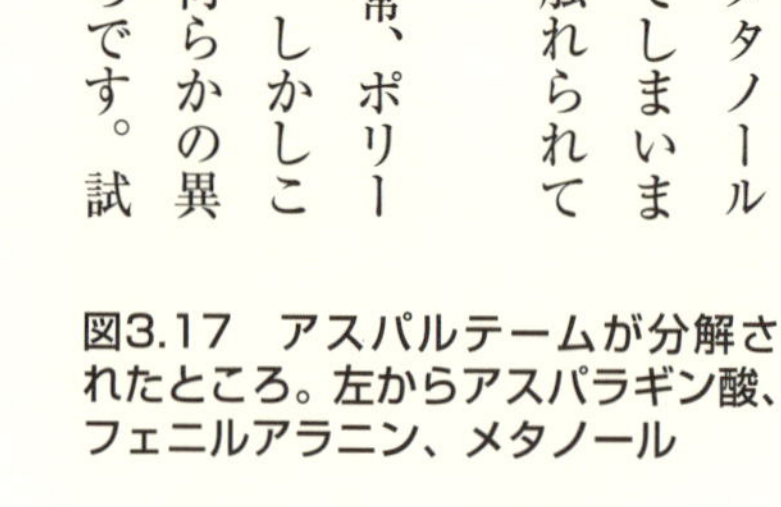

図3.17　アスパルテームが分解されたところ。左からアスパラギン酸、フェニルアラニン、メタノール

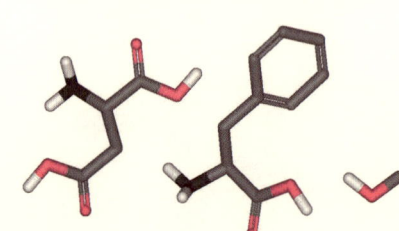

しに実験動物の結果から計算してみると、一度に300グラムほどのアスパルテームを摂取すると人は死ぬという計算になり、これはコーヒー1杯分に入れるアスパルテームの数千倍に当たります。その他、発ガン性などを指摘する論文もありましたが、大規模な疫学調査の結果でも常用者にガンの発生率が増えたというデータはありませんでした。

フェニルアラニンは毒?

さらに「アスパルテームはフェニルアラニンを含んでいるからいけない」という主張もあります。実のところ**フェニルアラニン**は体内では合成できない「必須アミノ酸」で、極めて重要な栄養素です。そのフェニルアラニンが危険という理由は何かというと、「フェニルケトン尿症という遺伝病を持った新生児がフェニルアラニンを大量に摂ると、知能に重篤な障害をもたらすため」だそうです。しかしこの病気を持った子供は8万人に1人、しかも生まれた時に必ず行われる検査によって容易に判定できます。これでアスパルテームがダメというのなら、アレルギーの人がいるからソバや魚は売るなということにもなってしまうでしょう。そもそも生まれたばかりの自分の子供に、アスパルテーム入りのアイスやチョコを食べさせる親がいるとはあまり思えませんが。

こうした抗議があったため、アスパルテーム入りの食品には必ず「フェニルアラニン含有」と表示することが義務づけられています。実際にはフェニルアラニンは母乳・肉・魚などのタンパク食品にもたくさん含まれており、使用量の少ないアスパルテームだけをことさらに規制する意味はほとんどないのですが……。

ただしいくらデータを並べられてもこれらの甘味料を「気持ち悪い」と感じる人は多いと思いますし、そちらの方が普通の感覚であるとは思います。また糖類はカロリー源のごく一部でしかないので、代用甘味料が各種成人病に対する絶対の切り札になるわけでもありません。が、肥満や糖尿病がこれだけ増えている中、甘味をどうしても欲しい人のためには、これら低カロリー甘味料は選択肢の一つとして用意されていてもよいと考えます。結局これからはこうした添加物について各自が知識を持ち、各自の判断で使用するかどうかを決めていくべき時代なのではないでしょうか?

3-4 保存料・殺菌剤

ソルビン酸の濡れ衣

食品・環境の安全をめぐる議論を見ていると、明らかにリスク評価を誤っていないかと思うケースが少なくありません。保存料、殺菌剤などはそのよい例です。

保存料の代表選手といえるのが**ソルビン酸類**で、細菌を殺すのではなく、繁殖を抑える作用を持ちます（図3・18）。ソルビン酸そのものはチーズや練り物に、ソルビン酸カリウムはパンなど食品に広く用いられます。ちなみに『買ってはいけない』では、「ソルビン酸カリウムと性質や毒性がほぼ同じソルビン酸は～」とし、ソルビン酸カリウムとソルビン酸とを同一のものとして毒性を論じていますが、これは全くの誤りです。カリウム塩になれば水に溶けやすくなり、体内での吸収や排泄のパターンが全く変わってしまうからです。この2つが同一物質と言い張るなら、塩酸（HCl）と食塩（NaCl）は同じ化合物だと強弁することも可能でしょう。

さらに同書ではソルビン酸を皮下注射することによりガンが発生したと述べていま

図3.18　ソルビン酸

すが、それをいうなら牛乳や酒でも注射をすれば死んでしまいます。口から食べるのと血管に直接注入するのは全く違った話であり、同列に扱って毒性を主張すること自体が大きな間違いです。そして経口摂取する分には、ソルビン酸類は100グラム摂っても大丈夫なほど毒性は低く、なおかつ数ミリグラムの添加で十分その効果を発揮しますので、大変安全性の高い添加物の一つです。

とはいえ、食品ではないものを食品に入れて食べるのは不安だ、という方も多いことでしょう。しかし保存料がなかったとしたらどうでしょうか？ おそらくパンや菓子は腐敗しやすくなり、食中毒などのトラブルが多発するでしょう。実際、近年食品衛生で問題になるのは、添加物などの化学物質よりもO157、ビブリオ腸炎、サルモネラ菌などによる食中毒の方です。食中毒は現在も年間数万件発生し、何人かは不幸にして亡くなる方も発生します。増殖も感染もしない化学物質に比べ細菌やウイルスはコントロールがはるかに難しく、様々な努力にも関わらず発生件数は決して減少してはいません。

また、日本では食料の大部分を輸入に頼っていながら大量の食品を廃棄していることがよく問題にされますが、保存料がなければ食品の劣化が早まるため、さらに廃棄量が増えることは間違いありません。「少しでもリスクがあるのだからソルビン酸は排除すべし」というのは、まさに本書冒頭に挙げたＤＨＭＯと同じロジックにはまり込んでいることに他なりません。

添加物バッシングが呼んだもの

『メディア・バイアス』（松永和紀著、光文社新書）は綿密な検証のもと非常に良心的に書かれており、食の安全・健康問題などに関心のある方に一読をお勧めしたい好著です。松永氏は同書で、『買ってはいけない』『食品の裏側』などのヒットを機に起きた添加物バッシングにより、逆に添加物の使用量が増え、安全性も高まっていないという驚くべき実態を指摘しています。ソルビン酸が嫌われたため、メーカーは「保存料」と名のつかない**グリシン**（図３・19）や**酢酸ナトリウム**（図３・20）を用いるようになり、これらは効果が弱いため多量に添加せざるを得なくなっているというのです。これによって食品の味が落ち、保存性は低くなって、消費者にも店にもいいことは一つもありません。合成品より天然の方が、添加物入りより無添加の方が健康によいとは全く言い切れないのです。

図3.19　グリシン

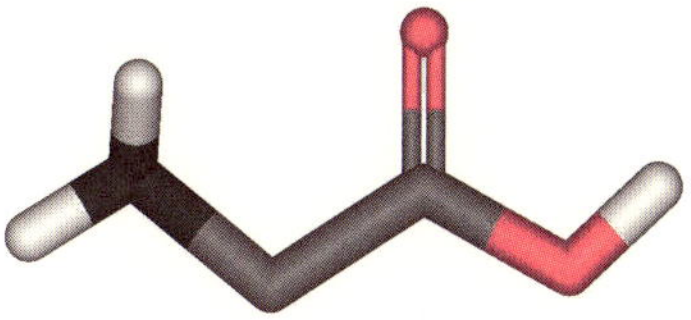

図3.20　酢酸ナトリウム

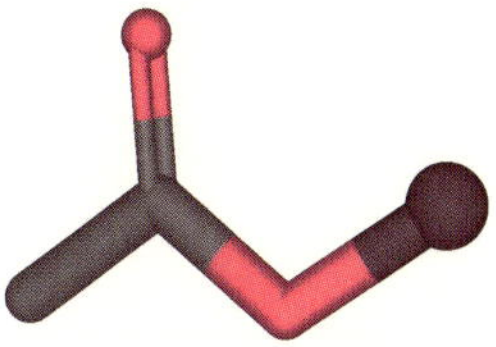

塩素消毒は危険？

水道水の消毒についても同じことが言えます。水道の水が塩素で殺菌消毒されていることはご存じと思いますが、この塩素が有機物と化合して発ガン性物質になると騒がれたことがありました（実際にはその危険性は無視してよいレベルなのですが）。この声に押されたペルー政府が、水道の塩素殺菌を取り止めてしまったことがあります。結果はどうなったか？　消毒をやめて1カ月でコレラが大発生し、感染者250万人、死者1万人以上を出すという事態になりました。リスク評価を一つ誤れば、こうした大惨事を引き起こしてしまうこともありえない話ではないのです。

塩素（正確には次亜塩素酸イオン）は、極めて薄い濃度でも有効で、ほとんど触れた瞬間に細菌やウイルスを死滅させるため、耐性菌が出現するスキを与えません。人体に対しても害が低く、大変頼りになる殺菌手段です。塩素臭が気になるとして浄水器を使う人もいますが、消毒が抜けてしまうため長期間使わないでいると雑菌が繁殖することがあります。しばらく水を流しっぱなしにしてから使えばよいのですが、こうなると浄水器というのも善し悪しです。日本の水道水の品質は世界一であり、味はともかく安全性の面では全く問題とするにあたりません。

電気には感電する危険があり、ガスには爆発する危険があり、水には溺れる危険がありま す。これと全く同じことで、リスクの全くない化合物というものはこの世に存在しません。そうである以上、化合物の評価はあくまで、リスクと利益のバランスを図って行なわれるべきです。保存料の小さなリスクばかり気にして、ただこれを排除せよと叫ぶのはあまりに近視眼的な行為と言わざるを得ません。保存に優れた日本の食品は、アフリカなどで多くの人命を救っているという話も聞きます。「化学」「合成」「添加物」とあれば単純に全て悪と見なして叩くのは、そろそろやめにしてほしいものだと思います。

3-5
『食品の裏側』の裏側

「神様」の書いた本

『買ってはいけない』に続いて食品添加物バッシングの急先鋒となったのが、2005年に発売された『食品の裏側〜みんな大好きな食品添加物』（東洋経済新報社）です。著者の安部司氏は食品添加物専門商社に長年勤務したセールスマンで、数々のヒット商品の企画に関与し、業界で「歩く添加物辞典」「食品添加物の神様」と呼ばれた人物なのだそうです。この本は25万部を記録するベストセラーとなり、多くのマスコミで取り上げられるなど大きなインパクトを与えました。が、残念ながらこの本も『買ってはいけない』同様、科学的見地からはかなり問題ありと言わざるを得ません。

例えばこの本の176ページでは、甘味料について〝「サッカリン」は発ガン性を疑われていますし、「アスパルテーム」もフェニルケトン尿症などの問題が疑われています〟としています。しかし両者ともさしたる問題は考えられないというのは、104ページで書いた通りです。このあたりのことは『買ってはいけない』発売後にさんざん議論されたことですが、「添加物の神様」たる安部氏はこの論争をご存じなかったのでしょうか？

コーヒーフレッシュは添加物まみれ？

この本が何より問題なのは、「こんなにも添加物が用いられている」と連呼するばかりで、その添加物にはどのような作用があり、どんな毒性があるのか、具体的な事柄にはほとんど触れられていない点です。例えば同書では、コーヒーフレッシュは牛乳などからできているのではなく、水とサラダ油を添加物（界面活性剤）で混ぜ合わせ、増粘多糖類でとろみをつけたものと指摘し、〝水と油と複数の添加物でできた「ミルク風サラダ油」〟であり、「もどき商品」「フェイク商品」と糾弾します。

が、ここで使われる界面活性剤というのは**レシチン**（図3・21）や**脂肪酸モノグリセリド**（図3・22）といった化合物で、前者は大豆や卵黄、後者は牛乳の成分であり、別に有害なものではありません。レシチンなどは、不足すると疲労・動脈硬化・糖尿病の原因になるため、健康食品として人気があるほどのものです。また増粘多糖類は植物や海藻に含まれるペクチンやキサンタンなど

図3.21　レシチン

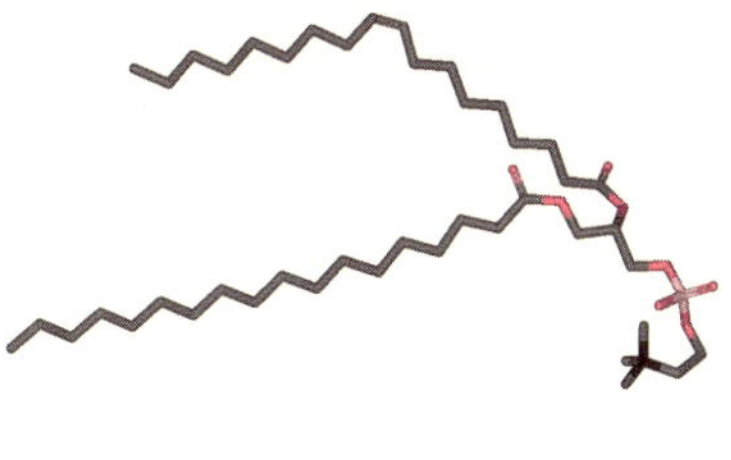

図3.22　脂肪酸モノグリセリド

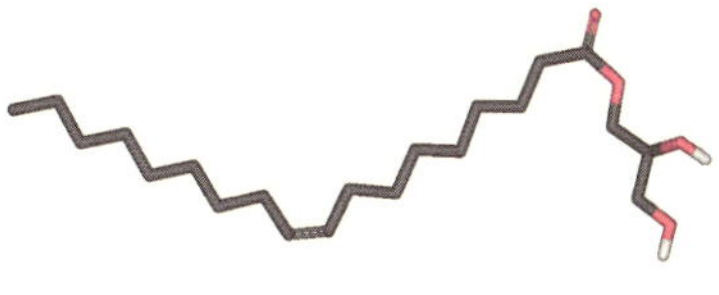

の多糖類（糖がたくさんつながったもの）で、寒天などの仲間です。これらはほとんど消化を受けずに体内を通過するため事実上人体への影響はありません。いってみればコーヒーフレッシュは、牛乳から腐敗の原因となるタンパク質などを除いた構成に近いものといえます。

このように「食品添加物」という言葉でひとくくりにされているものにも様々な種類があり、天然の食品に元々含まれている成分も少なくありません。保存料・調味料として用いられるアミノ酸類、結着剤として加えられるリン酸塩、酸化防止剤として配合される**ビタミンC・E**（図3・23、24）、酸味料として用いられる**クエン酸**（図3・25）、色素の**カロテン**（図3・26）などがそれであり、これらは体に悪いどころか、なくては生きていけない化合物群です。

「添加物漬け」のトリック

さらに安部氏は日本人の食生活について、「一日に平均10

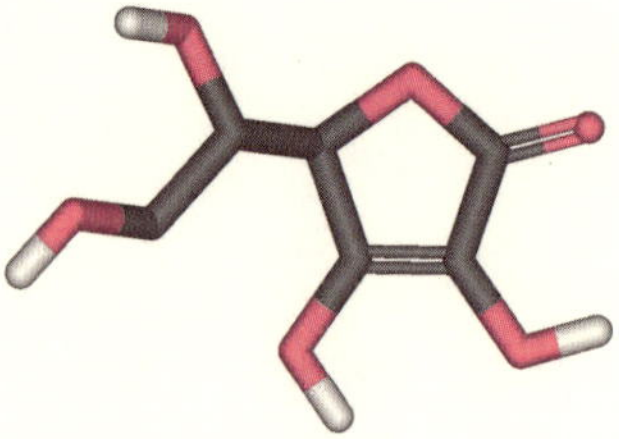
図3.23　ビタミンC

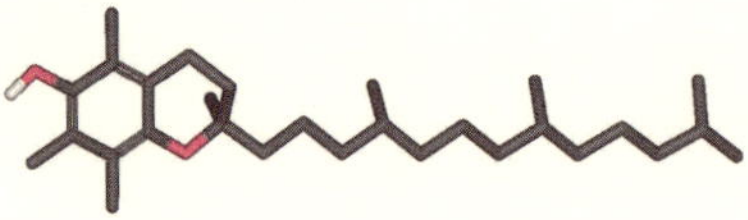
図3.24　ビタミンE

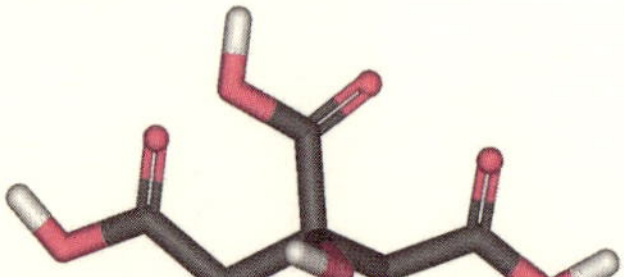
図3.25　クエン酸

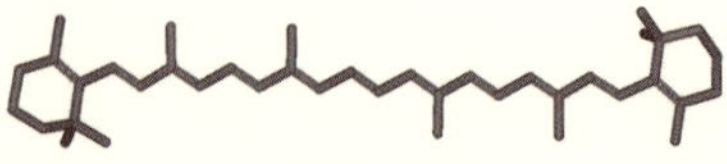
図3.26　*β*-カロテン

グラムもの食品添加物を摂取している」という指摘をしています。こう聞くと大変恐ろしく思ってしまいますが、これにはカラクリがあるのです。この10グラムという数字は、先ほど述べた「元々食品に含まれている成分」も一緒にカウントした数値なのです。食品に添加物として人工的に加えられた成分は、実は1グラム程度に過ぎません。「10グラムの添加物を摂取」というのは悪くいえばこけおどしであり、少なくとも正確な言い回しとは言えないでしょう。

その上、前述のように添加物と一口に言っても性質も用途も人体への影響も様々であるわけで、これらの量を全ていっしょくたに合計してもその数値は何も意味を持ちません。ヒット120本、四球30個、盗塁10個、三振40個という数字を全て合計して「A選手の成績は合計200である」といっても、この数字がA選手の実力を何も表していないのと同じことです。

怖いのは「知らないから」

もちろん同書はデタラメばかりが書いてあるわけではなく、鋭い問題提起も少なくありません。安価なもの、手間のかからないものに安易に頼りすぎる態度が、食文化に悪影響を及ぼしているという指摘には筆者も大いに同意します。また〝(添加物の)

毒性は避けては通れない問題ではあるけれども、その危険性だけを扇動して騒ぎ立てても仕方ない〟〝もちろん「使いすぎ」は問題ですが、「食品添加物＝害悪」と一刀両断するだけでは、何も問題は解決しないのです〟と述べているのも、まさしくその通りであると思います。

ところが安部氏はそのすぐ後で〝食品添加物の物質名なんかわからなくていい〟と述べ、〝「台所にないもの＝食品添加物」という図式のもと、「裏」を見て。なるべく「台所にないもの」が入っていない食品を選ぶだけで、随分、添加物の少ない食品を選ぶことができるのです。〟と述べています。結局これは全ての添加物をいっしょくたに取り扱い、「食品添加物＝害悪」と一刀両断する姿勢に他ならないのではないでしょうか。前に述べたように添加物といっても種類も様々、体に与える影響も様々ですから、「台所にない」というだけでは何の基準にもなっていないのです。

筆者としては、日本国内で現在認可されている食品添加物の各種データを見る限り、どれもさほど心配するほどのものではないと考えています。30〜40年前、今より緩い基準であった添加物をたくさん食べてきた人たちは、今も元気に長生きしています。かつての公害の時代をくぐり抜け、安全ということに関して我々は（とても完璧とはいえないにせよ）非常に多くのことを学んできました。

　現在に至るまで日本人の平均寿命は延び続けており、長年世界トップレベルの座を保っています。これは気候のよさ、医療制度の充実といった要素も大きいでしょうが、毎日食べている食事がいわれるほどに危険だらけであるなら、とても世界一の長寿など保てるものではないでしょう。日本の平均寿命の長さは、我が国の食品衛生環境が優れていることを示す、何よりの指標であると思います。

　その上でもっと高いレベルでの安心を得たいならば、正しい知識を身につけることは不可欠です。添加物全てを同列に扱い、ただ全てを排除しろというのは、単に不合理であるばかりでなく「食」を崩壊させかねない危険な主張です。『食品の裏側』の帯には「知れば怖くて食べられない！」とありますが、これはむしろ「〝**本当に知らないからこそ〟怖くて食べられない**」のではないでしょうか。一つひとつの化合物についてきちんとデータを知り、使用量を把握して使う分には、特別に怖いものなどそうあるわけではないのです。

3-6

プリン体の話

プリン体とは何か

最近、「プリン体○%カット」などと銘打ったビールや発泡酒をよく見かけます。しかしこのプリン体とはいったい何で、何ゆえにつまはじきにされなければならないのでしょうか?

まず「**プリン**」(purine) そのものは、図3・27のように6員環と5員環がつながった中に、窒素が4つ含まれた化合物です。「プリン体」という言葉は、この骨格を持った分子の総称ということになります。ちなみに食べ物のプリン (pudding) とは何の関係もありません。

実は生体内にはこのプリン骨格を持った分子は非常に多いのです。例えばDNAを形成する4種の核酸塩基のうち、**アデニン**(図3・28)と**グアニン**(図3・29)の2種がプリン骨格を持ちます。要するに生命の遺伝情報の半分は、プリン体が受け持っているということになります。

図3.27　プリン骨格

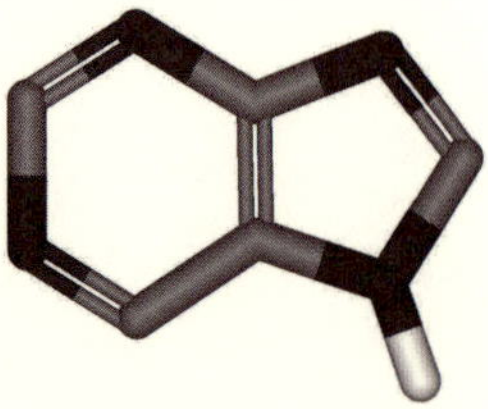

図3.28　アデニン

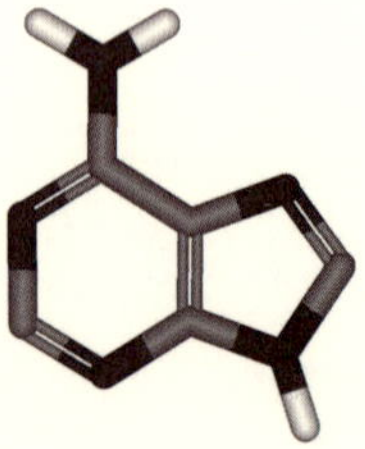

図3.29　グアニン

アデニンにリボースという糖がくっついたものが「アデノシン」で、RNAの構成単位として重要であるほか、神経の鎮静作用なども持っています。また、アデノシンの誘導体にも重要な分子がたくさんあります。例えばアデノシンにリン酸がついた「**アデノシン三リン酸（ATP）**」は、体内での化学反応を行う際にエネルギーを供給する化合物として、生命になくてはならない存在です（図3・30）。

痛風の原因物質

ではこれだけ重要なプリン化合物が、なぜ目の敵にされなければならないのか？　実はプリン体は、摂り過ぎると余分が体内で代謝を受け、**尿酸**という化合物に変換されます（図3・31）。この尿酸は非常に水に溶けにくいため、関節部に鋭くとがった結晶として析出してきます。この状態で関節を動かすとギザギザがこすれ、猛烈な痛みを発するわけです。これがいわゆる「痛風」で、かかると膝、足首、足の指などの関節が赤く腫れ、骨折以上といわれるほどの激痛を引き起こします。さらに放っておくと病気は腎臓など内臓にも影響を及ぼし、様々な合併症を発

図3.30　ATP

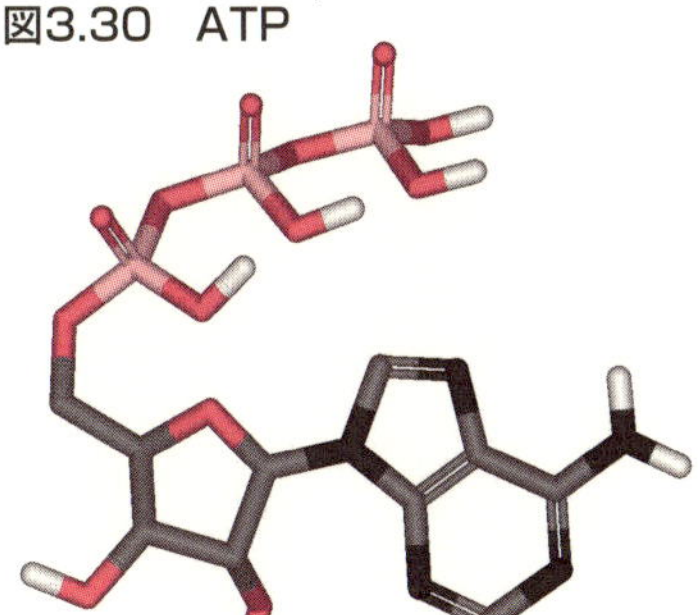

図3.31　尿酸

して健康を蝕《むしば》みます。

痛風はぜいたくな食生活の産物といわれ、かつては「帝王病」とも呼ばれていました。アレクサンダー大王、フランス王ルイ14世、ミケランジェロ、ダ・ヴィンチ、ゲーテ、ニュートン、ダンテ、スタンダール、ダーウィンなど痛風に苦しんだ歴史上の有名人は枚挙にいとまがありません。実際プリン体を多く含む食品にはエビ・カニ・肉類・レバー・ビールなどおいしいものが多く、美食家のかかりやすい病気であるのは間違いありません。

ただしプリン体は体内でも合成されており、食事から直接摂り入れるプリン体は全体の1/3~1/4程度であるとされています。このため近年では、痛風の治療にはプリン体だけを悪玉として避けるのではなく、食生活全体の改善が必要であるという認識に変わってきているようです。それにしてもかつては「帝王病」であった痛風がこれだけ増えているというのは、現代の食生活が

アイザック・ニュートン
(1643-1727)

チャールズ・ダーウィン
(1809-1882)

〔写真提供：共同通信社（2点とも）〕

ある意味で大変異常なものになっていることの表れともいえるでしょう。

尿酸は「天才物質」？

ところで、先に挙げた痛風患者の名を見直すと、贅沢をした人というよりも、むしろ歴史的天才のリストといってもよい顔ぶれであることに気づきます。また近年、統計的に社長や大学教授に痛風持ちが多いこと、IQの高い人のグループを調べたところ尿酸値の高い人が通常の2～3倍多くいたことなどが明らかにされ、どうも尿酸の量が知能の高さとリンクするのではないかということが言われ始めました。面白いことに、ほとんどの哺乳類は「尿酸オキシダーゼ」という酵素を持っており、体内で発生した尿酸を分解できるのですが、人間はこの酵素を持っていないのだそうです。進化の過程で人間は尿酸を貯め込むようになり、その結果他の動物にない高い知能を獲得した――と考えればうまくストーリーがつながってしまうわけです。

もっとも、今のところ尿酸と高い知能を結びつける決定的な説明はありません。ストレスや不摂生などによっても尿酸値は上がりやすくなりますから、巨大な業績を遺した彼らが痛風にかかっても不思議ではないという解釈もできるでしょう。結局尿酸の天才物質説は、今のところ「話としては面白い」というレベルにとどまるようです。

カフェインもプリン骨格

他にプリン骨格を持った有名な化合物として、**カフェイン**がありますプ（図3・32）。もちろんコーヒーはカフェインを多く含みますが、ココアにはテオブロミン、お茶にはテオフィリンなどよく似た構造の化合物が含まれており、これらはいずれも似たような作用を示します。

カフェインが単離されたのは1819年のことで、最も早く発見された有機化合物の一つです。コーラなどの清涼飲料水もカフェインを多く含みますし、風邪薬や鎮痛剤の錠剤にも配合してあるなど用途は広く、全世界で年間12万トンが消費されています。

カフェインを摂ると頭が冴えるが、夜眠れなくなってしまうのはご存知の通りです。この作用は難しく言えば「アデノシン拮抗作用」によるものです。体内にあるアデノシンは「受容体（レセプター）」と呼ばれるタンパクに出会うと中にはまり込み、これによって「神経を鎮めろ」というメッセージを体に送るのです。カフェインはアデノシンによく似た構造ですので、代わりにレセプターという「鍵穴」にはまり込むことができ、本来のアデノシンの作用をブロックしてしまうのです。こうなるとアデノシ

図3.32　カフェイン

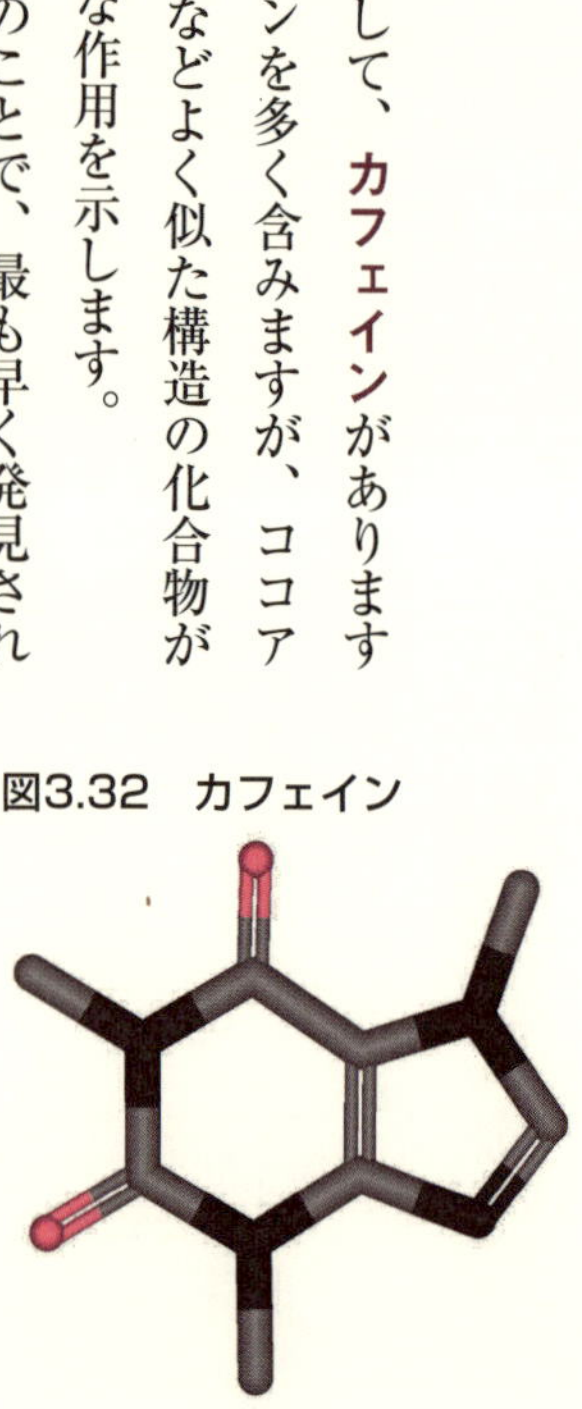

ンの鎮静作用は効かなくなり、神経が興奮して眠れなくなるというわけです。

こうした作用を持つカフェインは摂りすぎれば害にもなり、成人の致死量は約5グラム（コーヒー80杯分）と意外に強い毒性を持ちます。もちろんだからといって特別恐れる必要はなく、一度に80杯もコーヒーを飲まなければいいというだけの話です。


しかしカフェインもプリン骨格を持っているなら、コーヒーが痛風の原因になることはないのでしょうか？　ある研究者が調べてみたところ、意外なことに一日4杯以上のコーヒーを飲む人は、痛風になるリスクが40パーセントほども低下することがわかったのだそうです。詳細なところはわかっていないのですが、カフェインは代謝されても尿酸にはならず排泄が早いこと、また利尿作用があることが関係していそうです。ただし同じくらいカフェインを含む紅茶を飲む人は痛風にかかる率に変化がなかったということですから、カフェインが痛風によいというのではなく何か他の物質の作用である可能性が高そうです。

それにしても人間の体とは一筋縄でいかないものです。「○○という食品は××という化合物をたくさん含むから体によい（悪い）」などという話は、よほど証拠が揃わない限り簡単に鵜呑みにするべきではないという、よい実例といえるかもしれません。

3-7 謎の病原体・プリオンとＢＳＥ

奇病発生

近年最も大きな食品不安を引き起こしたものの一つに、**ＢＳＥ**（牛海綿状脳症、当初狂牛病とも呼ばれた）の問題があります。最近は中国製品や表示偽装などの問題に隠れてしまった感はありますが、果たしてもうこの問題は終わったと言っていいのか、アメリカ産牛肉は食べても大丈夫なのか、実のところはどうなのでしょうか。

ＢＳＥの発生が初めて確認されたのは１９８５年、イギリスの牧場においてでした。飼われていた牛の足元がふらついて立っていられなくなり、やがてエサさえ食べられないほど衰弱して悶死するという、まさに奇病といってよい症状でした。この後イギリスでは約16万頭がこの症状を発し、数年後にはヨーロッパ一円にも拡大しました。そして日本では２００１年に、さらにアメリカでは２００３年にＢＳＥが出現し、大きなパニックを引き起こしたことは記憶に新しいところです。

しかしBSE以前にも、牛以外でこうした症状を現す病気は知られていました。羊がかかる「スクレイピー」、ニューギニアのフォア族だけに見られ、死者の脳を食べる食人習慣によって伝染する「クールー」、そして100万人に1人の割合で発症する奇病「クロイツフェルト・ヤコプ病（CJD）」などです。これらはいずれもBSE同様脳がスポンジ化し、やがて運動機能が破壊されて、100パーセントの確率で死に至る恐ろしい病気です。

BSEは、スクレイピーにかかった羊の肉が混じった飼料を、牛に食べさせたために種の壁を越えて感染したものと考えられています。そして90年代イギリスで、普通は老年層だけが発症するCJDが若い層にも集団発生したため、この病気は食肉を通じて牛から人間へと伝染す

BSEの発症を防ぐために、輸入牛を解体処理する（ドイツ）
（写真提供：AP Images）

るのではないか、として世界中にパニックを引き起こしたわけです。

謎の病原体・プリオン

実のところ、ＢＳＥの病原体は細菌ともウイルスとも異なる、生物界に他にほとんど類を見ない「プリオン」と呼ばれる奇妙な「物質」です。プリオンは遺伝子を持たず、タンパク質のみで自己増殖を行うという不思議な性質があり、その謎の解明には様々なドラマがありました。今のところスタンリー・プルシナー（１９９７年ノーベル医学・生理学賞受賞）が提唱した以下の説が一般的に受け入れられています。

ＢＳＥの「病原体」であるはずのプリオンは驚いたことに、人間や牛、羊などがもともと持っているタンパク質の一種です。タンパク質はアミノ酸がずらりと一列に長くつながり、一定の形に折りたたまれたものです。この折りたたみ

プリオンの立体構造モデル。「N」が始まり、「C」がプリオン構造の終端をしめす

（写真提供：AP Images）

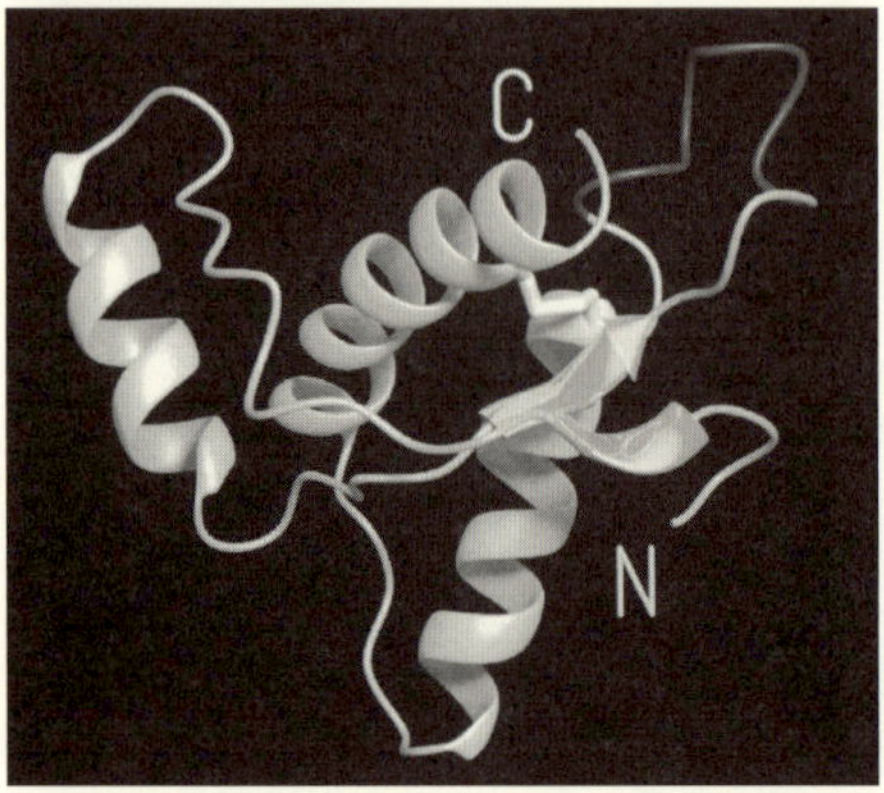

●クロイツフェルト・ヤコブ病（CJD）
1920年代、ドイツのH・G・クロイツフェルトと、A・M・ヤコブによって報告された神経疾患。全身の不随意運動、痴呆などの症状が現れ、2年ほどで死に至る。ただしクロイツフェルトの報告例は現在知られるCJDとはやや異なっており、別の疾患ではないかという見方がある。このため「ヤコブ病」と名を改めるべきとする主張もある。

はタンパク質が機能を発揮するのに非常に重要で、アミノ酸の配列が決まれば多くの場合その折りたたみも一通りに決まります。プリオンタンパクも通常体内で一定の形に折りたたまっているのですが、どういうわけかこのプリオンにはもう一つの変わった折りたたみ方が存在するのです（**異常プリオン**）。外部から異常プリオンがやってきて正常プリオンに接触するとその折りたたみ方を変えてしまい、正常型が異常型に変化してしまうのです。こうして増殖した異常プリオンはお互いにくっつき合って沈着し、やがて脳細胞を破壊してしまいます（図3・33）。そしていったんこの症状を発症した場合、その進行を食い止める手だては今のところ全くなく、100パーセントの確率で悲惨な死を迎えることになります。

　プリオン仮説は当初突飛な説と思われましたが、その後の状況証拠の蓄積により支持者が増え、基本的な部分はほぼ立証が進んだといってもよい状態です。とはいえこのプリオン仮説にはいまだ残された謎も多く、全ての研究者を納得させるには至っていません。

　まず、タンパクの折りたたみ方が変化するといいましたが、これはも

図3.33　プリオンの増殖機構

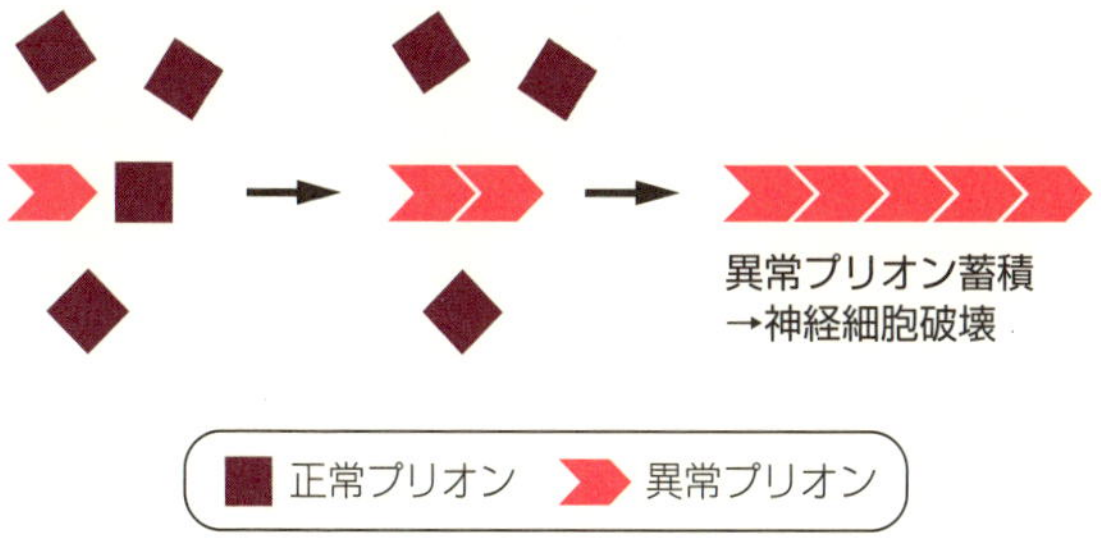

つれた毛糸玉をほぐして巻き直すようなもので、かなりのエネルギーを要する複雑な過程です。これがなぜ、どのようにして起こるのかは全くわかっていません。また、普通はタンパク質のような大きな分子は脳にまで到達できないのですが、プリオンがどうやって脳に入り込んでいるのかも大きな謎です。また異常プリオンが蓄積してなぜ脳細胞が破壊されるのか、プリオンは全身の細胞に含まれるのになぜ脳細胞だけがダメージを受けるのか、タンパク質の寿命は通常数日しかないのになぜ潜伏期が数年もあるのかなど、まだまだ**プリオンの周辺は謎だらけ**です。そもそも生体が予め持っているプリオンタンパク質がどういう役割を果たしているのかという、最も基本的な事柄ですら現状ではわかっていないのです。

学者と市民の間

こうしたことから今でもプリオン説に反対を唱え、未知のウイルスによる感染症ではないかと主張する学者もいます。国内では青山学院大学の福岡伸一教授が有名で、この説を唱えた著書『プリオン説はほんとうか?~タンパク質病原体説をめぐるミステリー~』(講談社)は大きな評判を呼びました。氏の主張するウイルス説にはかなり強引な面も感じるものの、科学書としては大変に面白い本です。

ちなみに筆者は一度プリオン研究の専門家に、この本に書かれているウイルス説についてどう思うか尋ねてみたことがあります。氏が言うには「福岡氏の説は都合のよいデータをつぎはぎして作った強引な論理であり、専門家の間ではプリオン説の基本的な部分はもはや揺るがない」ということでした。「ならば福岡説に表立って反論する人がいないのはなぜか」と重ねて問うたところ、「ブルーバックスなんかにいちいちまともに反論している暇があったら、一報でも多く（学術誌向けの）論文でも書きますよ」と一笑に付されてしまいました。

この本でもいくつか触れている通り、学会内で専門家同士の常識となっていることと、世間で認識されていることが大きく食い違っているケースは少なからずあります。これにはマスコミによる報道のあり方などの問題はあるものの、学者たちのこのような態度——一般へ向けた発言をせず、自分たちのコミュニティのみでのアピールにしか関心がない——にも原因があるように思います。特にBSEという国民の安全に関わる問題に携わっておきながら、最先端の学問の成果を社会に還元しようという気がない人がいるのは、少々残念なことに感じた次第です。

結局、牛肉は食べてもいいのか？

学問的なことはさておき、一般の関心は「結局アメリカ産牛肉は食べても安心なのか、全頭検査を中止しても大丈夫なのか」という点に尽きるでしょう。

結論から言えば、統計的な数値を見る分には、人間が牛肉を食べてＣＪＤを発症する危険はほぼ皆無と考えられるのです。イギリスでは、ＢＳＥの恐れが明らかになる前に約１００万頭の感染牛が食用に供された（もちろん危険部位の除去などなしで）と考えられていますが、人間のＣＪＤ発症者の数は約１５０人にとどまっています。

この率から計算すると、もし危険部位を除去せずにアメリカ産牛肉を食べたとしても、日本人の感染者発生はかなり悲観的に見て年間０・１人程度、さらに危険部位を除去している現状では、感染確率は限りなくゼロに近いと考えられるのです。この意味で、「日本は神経質になり過ぎであり、輸入再開をしても問題ではない」としたアメリカ側の言い分は、全く理不尽な主張というわけではないのです（ただし日本の国民感情を逆撫でにするような、彼らの説明姿勢には大いに問題があったと思いますが）。ちなみにＥＵ圏では、「イギリスのＢＳＥ発生は１００万頭あたり５０００頭以下まで抑えられたため、十分リスクが低いと見なせる」とし、イギリスからの牛肉輸入を２００６

年に解禁しています。
また国内牛の全頭検査のためには、今まで約４０００億円という巨額の対策費用が投じられています。十数万頭の患畜を出したイギリスでさえ、これだけの対策は行っていません。こうした負担をこれからも続けていくのか、考えなくてはならない時期に来ているのは確かでしょう。

とはいえ――以下は科学的でも何でもない、筆者の「感想」に過ぎませんが――このＢＳＥのケースだけは、いかに数字の上でリスクが小さいとわかっていても、どうにも「気持ちが悪い」と感じます。実際、生物学者にはプリオン説に賛成・反対に関わらず、アメリカ産牛肉に対して慎重論を唱える人が多いように見えます。これは彼らがあまりにも未解明部分の多いこの病気の「気持ち悪さ」を、感覚的に感じ取っているからではないかと思います。
ＢＳＥと同じくプリオンによって発生するクールー病には、潜伏期が50年以上あるケースも報告されています。それを考えると、果たしてＢＳＥ牛からヒトへの感染はもう心配ないとは言い切ってよいかは疑問が残ります。また今のところＣＪＤは発症すると打つ手は全くなく、待っているのは１００パーセント確実な死です。治療法も研究が進んではいますが、感染機構すらわかっていない現状では、完成はまだ先のことと考えざるを得ないでしょう。この状態で果たしてBSEに対する警戒を緩めてしまっていいのか、筆者としてはどうも不安を拭えません。

生物学、経済、政治、食、医療。これほど多くの問題を人類に突きつけた化合物は、おそらくかつてなかったことでしょう。最近の研究ではアルツハイマー病なども、プリオンに似たβアミロイドというタンパクの蓄積によって起こるという説が有力になっています。タンパク質によって作られ、タンパク質によって生かされている人類にとって、こうした異常タンパク質の出現は避け得ないリスク、永遠の課題であるのかも知れません。それにしても我々はこの身のうちに、なんというやっかいな敵を抱え込んでいるのでしょうか……。

3-8

中国食品の不安

中国製食品に対する不安が高まっています。近年人件費の安い中国からの食料輸入が増えるのに連れて、野菜などから禁止薬物の検出が相次いでいるのです。キクラゲやホウレンソウなどから農薬が検出されたのをはじめ、ウナギからは禁止された殺菌剤であるマラカイトグリーン、歯磨きなどからジエチレングリコールといった化合物が検出されたといった報道が相次ぎ、不安は高まりました。そしてこの不安は、２００８年１月に発生したメタミドホス餃子騒動で頂点に達した感があります。テレビのニュース、新聞、週刊誌などマスコミは一斉に中国製品への不安を煽る報道を流し、関連本も多数出版されています。

もともと中国は四千年の歴史を誇り、歴代王朝のもとで素晴らしい食文化を育んできた国であったはずです。しかし近年の急激な経済発展の代償として、膨大な人口を支えるための食料の無理な増産、急速な開発による公害の発生、拝金主義によるモラルの低下などが起こり、世界を巻き込む騒動の原因になっているのは大変残念なことです。

ジエチレングリコール報道

これだけ問題が起きている以上、中国の食品が現在信用を失っているのはやむを得ないところではあります。ずさんな管理体制、有害物質に対する意識の低さはあちこちで指摘されている通りで、覆うべくもありません。ただ実際のところ、中国製品に対する国内のマスコミ報道にも行き過ぎ、的外れな面は少なくないのが実情です。

例えば2007年5月、中国製の練り歯磨きから**ジエチレングリコール**が検出され、輸入元がこれを全て自主回収するという一件がありました。ジエチレングリコールは図3・34に示すような比較的簡単な構造の分子です。粘っこい甘みのある液体で、不凍液・塗料・ブレーキ液などに広く使用されます。

この化合物は安価で甘みを持つため、グリセリンの代わりに使用（誤用）されることが多く、何度か大規模な死亡事故を起こしています。2007年5月パナマでは、風邪のシロップに使うグリセリンの代わりに中国産のジエチレングリコールが誤使用されてしまい、100名以上の死者を出す惨事となりました。

ジエチレングリコールは体内で代謝を受けてシュウ酸などの化合物になり、これが腎臓でカルシウムイオンと結合して**結石**を作ります（図3・35）。要するに、大量のジ

図3.34　ジエチレングリコール

エチレングリコールを摂取することによって、数ミリの塊でも大変な苦痛をもたらす結石が一挙にたくさんできて腎臓の機能を破壊し、腎不全を起こすというのがこの化合物の毒性の正体です。

といってもシュウ酸は猛毒というほどでもなく、例えばココアは重量比で0・5パーセント、ホウレンソウは0・6パーセントものシュウ酸を含んでいます。というわけでジエチレングリコールの半数致死量は710mg／kgと青酸カリの1／100ほどであり、体重60キロの大人なら43グラムほどを飲むと半数が死亡する計算です。回収された歯磨き1本に含まれていたジエチレングリコールは0・17グラム程度ですから、チューブ1本分の歯磨きを丸ごと呑み込んだところで健康被害が出るには遥かに遠い値です。もちろん禁止されているものを使用した中国企業の姿勢は責められるべきでしょうが、「劇物」などと書き立て（ジエチレングリコールは劇物ではありません）、過度に不安を煽ったマスコミの報道にも問題はあるでしょう。

図3.35　シュウ酸カルシウム

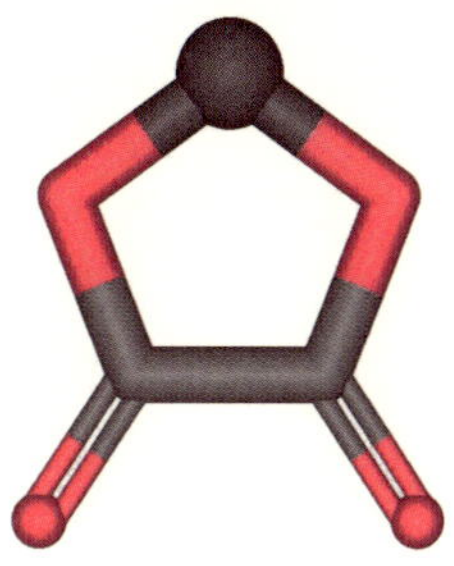

「基準値」の意味

また、「中国野菜から基準値の○倍が農薬を検出」といった報道も相次ぎました。もちろん基準を満たさないものを輸出する側に問題があるのはいうまでもありませんが、実際のところ基準値を上回ったからすぐさま危険だというわけでもないのです。残留基準値は、実験動物が一生の間食べ続けても害のない量の、さらに数百分の1から数千分の1と決められているからです。

また十分なデータがない農薬に関しては、一律に基準値を0・01ppm（1億分の1）と定めています。これは大変に厳しい基準で、10キログラムの野菜に霧一粒（0・1ミリグラム）ほどの農薬がついていてもダメということです。また農薬が残留するのは多くの場合野菜の表面ですから、水洗や皮むきによってほとんどは除去されます。というわけで、多少基準値を超えた野菜をたとえ一挙に数十キログラム食べたところで、健康にほとんど影響はないのです。「基準値の○倍」という数字だけが毎回大きく取り上げられていますが、多くの場合それがどの程度危険なのかは報じられていません。

また、以前には確かに中国産野菜は基準違反が多かったのは事実ですが、ポジティブリスト制が施行されて以降は改善され、2006年度では基準値違反は全体の0・09パーセント前後に過ぎません。この数値はベトナムの0・35パーセント、アメリカの0・12パーセントなどに比べてもむしろ低いレベルですが、マスコミの集中砲火に

●ポジティブリスト制
従来の「ネガティブリスト」では、使用できない農薬を指定して規制をかけていたが、これでは無登録農薬などが使用されても規制ができない欠点があった。2006年から導入された「ポジティブリスト制」は、使用・残留が認められる農薬をリスト化し、それ以外は原則禁止か0.01ppm以下に規制するというもの。

あっているのは中国野菜だけです（中国産の絶対数が多いこともありますが）。これは三菱自動車のリコール隠しが問題になった時、三菱車が炎上すると大きく報道されたのに、他社の車が火を出しても全く報道されなかったのとやや似通っています。

ただし、このように中国の輸出用食品の品質はだいぶ改善されてきているものの、中国国内にはずいぶんひどい食品が出回っているのは現実のようです。こうした食材がわかりにくい形に加工されて入ってくる可能性はあり、全てが安全とはとても言い切れないのは事実でしょう。いずれにしろ、選択の余地なくチェックの甘い危険な食品を食べねばならない、中国の一般市民こそが最大の被害者であることは間違いありません。

「毒餃子」報道とその後

こうして中国食品の危険イメージが定着したところに起きたのが、2008年のメタミドホス餃子事件でした。この件で混入していた**メタミドホス**（図3・36）は、それまで検出されていた残留農薬とは比較にならない量で（百数十ppmが検出。これまでの残留農薬の多くは2ppm以下）、入院患者が出るなど大きな健康被害を出しました。この量は単純な農薬の

図3.36　メタミドホス。中心にリン原子を持つ

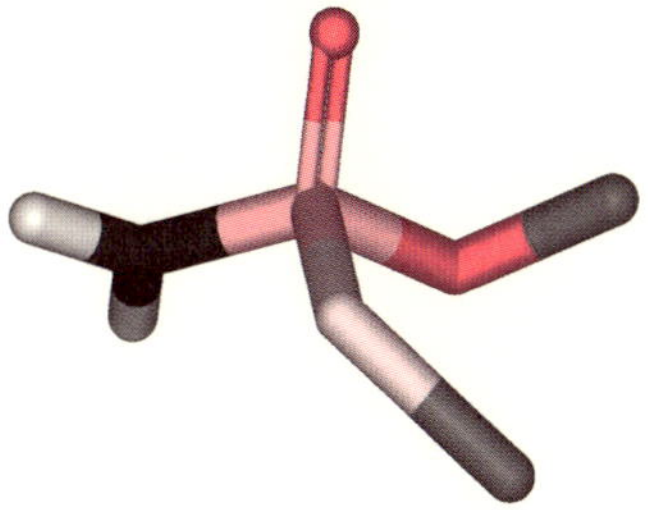

残留では説明がつかず、中国国内における故意の混入が強く疑われています。これはいうまでもなく由々しき問題であり、再発防止に全力を挙げなければいけないのは当然のことです。

この後、ジクロルボス、パラチオン、ホレートなどの有機リン系殺虫剤が、次々と各種中国製輸入食品から検出されたという報道が相次ぎました。しかしこの間のマスコミの姿勢には、首をひねりたくなる面が少なくありませんでした。ここで検出された殺虫剤はほとんどのケースで健康に大きな影響は考えられないレベルであり、おそらく残留農薬と考えられるものです。もちろん農薬が残っていることは問題ではありますが、実際に大きな被害が出ているメタミドホス餃子の一件とは危険性が全く違う話です。普通に使われた農薬の残留と、故意に行われる食品テロとはリスクも対応策も全く違うものになるはずで、このあたりを十把一絡げにすべきではないでしょう。しかし特にテレビなどでは例によってこのあたりがきちんと報じられることはほとんどなく、全てを一緒くたにして危険性だけを強調して報じていたようです。

現実に危険な食品が入ってきている以上、中国以外の国からの分散輸入、日本の食糧自給率向上などの策ももちろん検討しなくてはならないところでしょう。しかし「中国製は全て危険だ」と頭から決めつけ、排除しようとするだけでは始まらないのではないでしょうか。ただでさえ高騰している食品価格がさらに上昇するでしょうし、産地偽装などが増える可能性もあります。メタミドホス餃子のような本当に危険なケースに即刻対策を行うのは当然ですが、事実上健康に影響のない残留農薬などへの対応は、まだ後回しでも済む話です。「農薬が入っている食品は０・１ｐｐｍであろうと１００ｐｐｍであろうと一切まかりならぬ」というのではなく、きちんとそれぞれのケースについてリスクを定量し、優先順位をつけて対応していくというすべを、そろそろ我々は身につけていかねばならないのではないでしょうか。

リスクの「解禁」

ＢＳＥ対策などにも見られる、食品リスクへの極めて厳格な反応は、日本の精神文化的背景に根ざしているともいえそうです。我々日本人は古くから「何事もきちんと、目に見えない隅々まで完璧を期し、一切手を抜かない」という文化を育んできました。この精神は、高い衛生観念、世界有数の品質を誇る優れた工業製品、正確な電車運行といったものに結実し、日本の繁栄を支えてきました。日本人が添加物や化学物質などの問題に極めて敏感なのは、この精神の裏返しという面があるように思います。日本に古くから伝わる「ケガレ」という感覚も、これに影響を与えているかもしれません。

しかしこの潔癖症的ともいえる文化は、一方で弊害も見えてきつつあります。「賞味期限が切れたから」という理由で、実際にはまだ食べられる食品がたくさん廃棄されているのはその例の一つでしょう。これは食品価格の上昇、賞味期限偽造といった問題の素地でもあります。また高品質な工業製品は時にオーバークオリティとなり、コスト高を呼んで国際競争力を失いつつあります。鉄道ダイヤの過剰なまでの厳守は運行システムのひずみを呼び、福知山線脱線事故という大きな悲劇の原因となりました。

食品輸入における軋轢は、何もかもに完璧を求め、一切のリスクを受け付けない日本文化と、ある程度のリスクは容認する諸外国の文化の摩擦であるともいえます。グローバル化、ボーダーレス化の潮流の中、我々はこれからますます外国との製品のやりとりを受け入れなければならなくなっていきます。もちろん何でもかんでも無警戒に受け入れるわけにはいきませんが、きちんとリスクの評価を行い、容認可能なレベルのリスクは受け入れる心構えを、我々はこのあたりで持つ必要があるのではないでしょうか？

第4章 健康食品

4-1

健康ブーム

「健康」とつきさえすれば

長いこと「不景気」ばかりがいわれていた中、「健康」とつく商品だけは確実に売れ続けていたようです。「健康ブーム」といわれますが、もはやこうなると一時的な流行ではなく、日本人のライフスタイルの中に「健康」というキーワードが深く根を下ろしたといってもいいでしょう。ポリフェノール、アミノ酸、ビタミン、サプリメント、ミネラル、コエンザイムなどなど、テレビや雑誌の広告には毎日「体によさそうなもの」が溢れかえっています。

が、それが実はどれほどの効果があるのかとなると、首をひねるようなものも少なくありません。タキオン、トルマリン、活性水素、還元水などかなりうさんくさいグッズも数多くありますし、誰もが知っている大メーカーからもひどい商品が平然と発売されていたりもします。一時期ブームになったマイナスイオン商品などはその典型で、多くの有名会社からマイナスイオンを放出すると称するドライヤーやエアコン、果てはパソコンや電車車両までが登場しました。しかし今までにマイナスイオンなるものの効果がはっきりと実証されたことはなく、それどころかマイナスイオンというのが一体何なのかという定義すら、いまだになされてはいません。典型的なニセ科学としてずいぶんと批判を受けたにも関わらず、いまだマイナスイオン商法は廃れきったわけではないようです。

マイナスイオン以外にも、医学博士や有名人のお墨付きの元、健康関連の商品は次々と登場します。昨日までスーパーの棚に眠っていた平凡な食材が、テレビタレントの一言で突如人気商品に変身してしまったケースもずいぶんとありました。

こうした健康関連情報をマスコミがこぞって取り上げるようになったのは、もちろん日本人の健康志向が一番大きな要因でしょうが、一つにはいわゆる「恐怖商法」の反動という要素もあったのではないかと思われます。「○○は危険」「××は体に悪い」といった指摘は消費者の関心を引きますが、メーカー側から厳しい反論を受け、裁判に発展したケースもありました。そこでけなすのではなく、ほめるのならばお互いが儲かり、怒られることもないだろうというわけです。

これらの情報は消費者の関心を引き、いわゆる健康番組は数字の面では大いに成功しました。が、健康や美容に有効で、根拠も確かな素晴らしい商品が、毎週毎週紹介できるほどめったやたらにあるわけもありません。それでも視聴率を保たねばならないというプレッシャーからいつしか情報は歪められ、行き着いた果てが２００７年１月に起きた「発掘！あるある大事典Ⅱ」の捏造事件でした。「納豆でダイエットができる」という趣旨の番組で、アメリカ人大学教授のコメントを捏造し、実験結果も架空のものをでっち上げていたことが発覚し、関係者が処分を受けたというものです。しかしこの件は、単に一番組制作者のモラルの問題というのでなく、お手軽でわかりやすい情報がもてはやされる日本人の性質が根底にあると見るべきでしょう。

現実はわかりやすくない

ここまでひどくなくとも、子細に見れば問題のある健康食品は他にもたくさんあります。「体によい」といわれる物質は星の数ほどありますが、どれでも摂れば摂るほど健康になれるというような、一筋縄でいく概念のものではありません。単純な話、食塩はある程度の量は食べなければ生きていけませんが、摂りすぎは高血圧などを招いて寿命を縮めることはご存知の通りです。

ビタミン類も健康を保つためになくてはならない化合物群なのですが、やたらにたくさん摂ればよいというものでもありません。例えばビタミンCは多くの飲料やキャンディなどに配合されており、健康イメージのある化合物の代表といってよいものでしょう。この「**ビタミンC信仰**」を世に広めた人物がライナス・ポーリング博士で、ノーベル賞2回受賞の大科学者です。ポーリングはそれまで言われていた必要量の10倍、一日1000ミリグラムを摂れば風邪にもガンにもならないと主張したのですが、残念ながらこの結果は現在では否定されており、ポーリングもその妻もガンで命を落としています。しかし彼の宣布したビタミンC信仰は、消えることなく今も続いているのはご存知の通りです。

ビタミンAもまた大量摂取すると危険であることが知られています（図4・1）。実際、北極圏に住むイヌイット族は、シロクマの肝臓を決して食べないそうです。肝臓にはビタミンAが大量に蓄積されており、たくさん食べると中毒を起こすことを彼らは経験的に知っているのです。

またビタミンEについても、一日400IU（267ミリグラム相当）以上を摂取し続けた人は、総死亡率が10パーセントほど上がるという報告もなされています。何事も「過ぎたるは及ばざるがごとし」なのです（注1）。

図4.1　ビタミンA

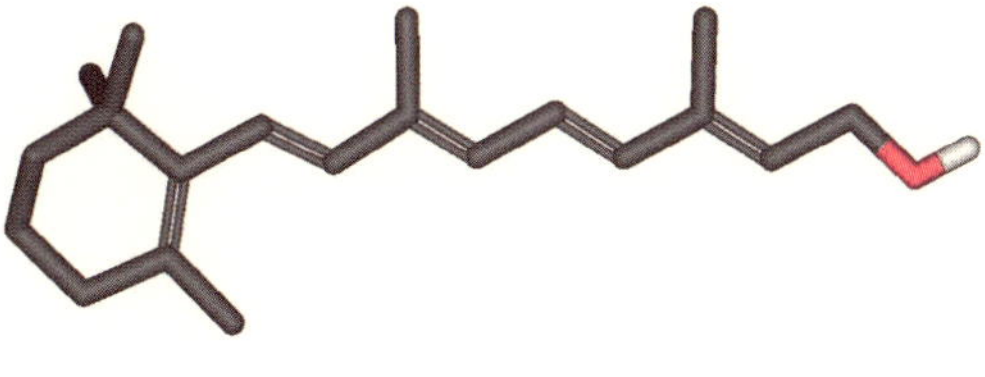

（注1）通常の食事から摂取されるビタミンEは1日8mg前後で、これで過不足ない量が摂取できる。サプリメントでよほど大量に摂らない限り、過剰になることはない。

逆に、体に悪そうなものでも摂りようによっては有効ということもあります。例えばセレンという元素は一日5ミリグラムほども摂ると体調を崩し、50ミリグラムも摂取すると死に至るといいますから、数字だけ見れば青酸カリ並みの猛毒です。しかしそれでいてセレンは生命に絶対必要な元素であり、一日10マイクログラム以上を摂取しないと貧血やガン、筋ジストロフィーなどの病気を招くことがわかっています（注2）。クロム・コバルト・銅・モリブデン・スズといった重金属も摂りすぎは毒ですが、少量は摂らないと命に関わります。

こうした問題は専門の研究者でさえ全貌を把握するのは難しく、まして一般の消費者にはなかなかわかりづらい事柄です。限られた紙面や時間の中で視聴者の気を引く情報を発信しなければならない雑誌やテレビでは、ただし書き付きのわかりにくい情報は嫌われ、求められないという事情はあります。しかしわかりやすさ、センセーショナリズムに無批判に流されていれば、損をするのは末端の消費者です。

もし食べるだけで美しく健康になれる、まるで魔法のような食品があるのなら、筆者もここでそれを紹介して本の売り上げを大いに伸ばしたいところです。が、残念ながらそんなに都合のいい食べ物はこの世に存在しません。多少体のバランスを整えるものや、長い目で見て病気にかかる確率をいくらか下げるといわれているものはあり

（注2）普通の食事には必要十分なセレンが含まれているので、普通はセレン不足も過剰も起こることはない。その他の金属についても同様。

ますが、それもたいていはただし書き付きで、いくらでも食べれば食べるだけよいというものではありません。結局健康になれる食事とは何かと問われたら、脂肪や塩分を取りすぎないこと、野菜や果物をたくさん食べること、バランスよくいろいろなものを食べること、といういやになるほど平凡な答えしかないのです。

この章ではいくつか「健康によい」といわれる食品やサプリメントを取り上げました。もてはやされるこれらの化合物の実力はどんなものなのか、検証してみましょう。

4-2 アミノ酸

生命のアルファベット

アミノ酸はいまや、「体によいもの」というイメージを持たれている代表的な化合物といってよいでしょう。が、それがどこでどのように働いてどう必要とされているのか、はっきり説明できる人はあまり多くないのではないでしょうか。

化学的には、アミノ酸は「アミノ基（$-NH_2$）」と「カルボキシル基（$-CO_2H$）」を一分子の中に持っている化合物全般を指します。しかし通常「**アミノ酸**」と言った場合、タンパク質の構成要素となっている20種類の化合物を指す場合が多いのです。これらは図4・2のような共通構造を持ち、「**側鎖**」と呼ばれる部分だけが異なっています。タンパク質というのはこれらアミノ酸がずらずらと数十から数百ほど一列につながり、一定の形に折りたたまれたもので、生命を動かすほとんどの機能を受け持ちます。たった26のアルファベットの組み合わせだけでありとあらゆる事柄を書き表すことができるように、生命の基本的な機能はわずか20種類の部品の組み合わせに還元することができるのです。
生命を支える物質の構成単位ですから、アミノ酸は言うまでもなく極めて重要な化合物群で、アミノ酸なくしてはどんな動物も植物も命を保ち得ません。というわけでドリンクやサプリメントから、積極的にアミノ酸を補給する必要がある――と各種広告では謳っているわけですが、実際にはわざわざアミノ酸を買い込んで栄養源とする必要はほとんどありません。我々は肉や魚、大豆などからタンパク質を日常的に摂取しており、これを分解・吸収することで、健康を保つのに十分な量のアミノ酸を取り入れているからです。この事情は他の多くのサプリメントでも同様で、よほどの偏食か無理なダイエットをしているのでもない限り、今の日本で何らかの栄養素が不足するという心配はほとんどありません。

図4.2　アミノ酸基本構造

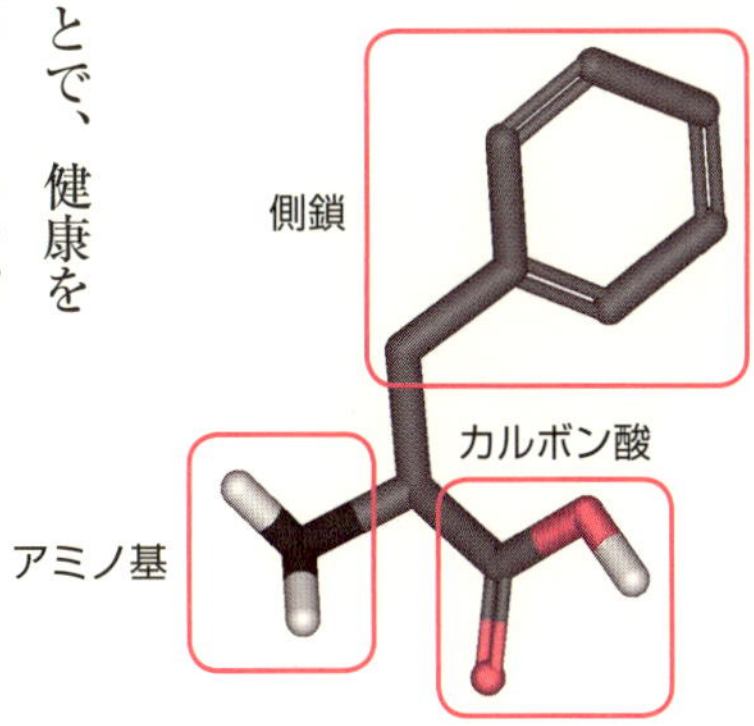

何を燃焼するのか?

ところが2002年ごろからアミノ酸を配合した飲料が各社から売り出され、インパクトのあるCMとも相まって大ヒット商品となりました。これらのアミノ酸飲料でよく使われたキーワードは「燃焼」で、運動の時に飲むことでダイエット効果が得られるかのような宣伝が行われていました。

が、実のところ、アミノ酸を取り入れたからといって体脂肪がよく燃えるようになるというデータはありません。分岐鎖アミノ酸（Branched chained amino acid = BCAA）と呼ばれる3種のアミノ酸（**バリン**、**ロイシン**、**イソロイシン**）は、運動したときに筋肉中で素早く燃焼してエネルギーに変わり、筋肉にダメージを残さないなどの効果はあります（図4・3〜5）。しかしこれはプロのアスリート並に激しい運動をする人が気にすればよい話で、普通の人がアミノ酸を摂取してちょっと動いたくらいではどうなるものでもなく、まして脂肪の燃焼とは全く関係がありません。

ではあの「燃焼系」というコピーは何なのか？　ある人がメーカーに問い合わせたところ、「日常生活を完全燃焼、という意味であって、脂肪が燃えるとはどこにも謳《うた》っておりません」という返事が返ってきたというからふるっています。特定保健用食品（トクホ）でないこれらの商品は、何らかの効能を謳うと薬事法違反になるので、CMはみな微妙な言い回しで視聴者に効果があると思いこませる作りになっています。「私は飲んで歩くだけ」といっているだけで、そうすれば「やせる」とは言っていないわけです。油断もス

図4.3　バリン

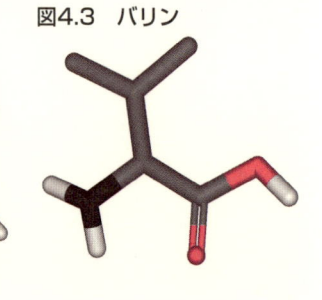

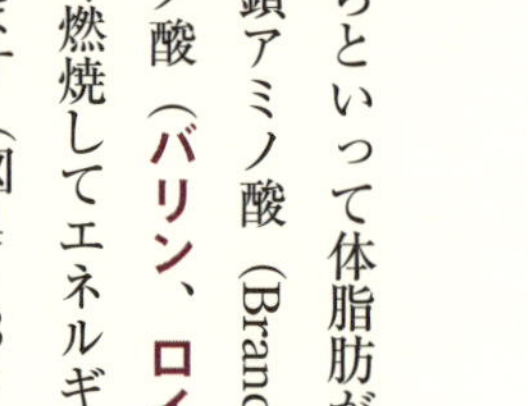

図4.4　ロイシン

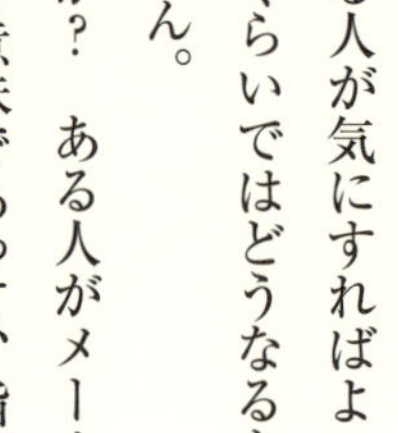

図4.5　イソロイシン

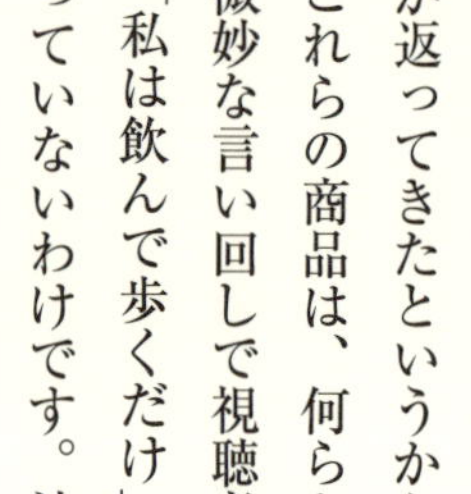

キもあったものではありません。

また最近では、健康イメージに乗ってか、練り歯磨きなどにも「アミノ酸入り」と銘打ったものが登場してきました。ここで配合されている「アミノ酸」というのは**トラネキサム酸**（図4・6）という化合物で、確かに広い意味ではアミノ酸に分類されるのですが、タンパクの構成原料になる狭義のアミノ酸とは構造も機能も性質もだいぶかけ離れたものです。またトラネキサム酸自体特に目新しい化合物というわけではなく、抗炎症剤・止血剤として以前から同じメーカーの歯磨きに配合されていたものです。要するに最近のアミノ酸ブームにあやかって、ふれこみだけを変えて再発売されたということなのでしょう。もちろん嘘偽りを言っているわけでも、体に悪いものが入っているわけでもないのですが、なかなか商魂たくましいやり方であるとはいえそうです。

調味料としてのアミノ酸

アミノ酸の役割はそれだけではありません。アミノ酸やペプチドには味のよいものが多く、その代表例が「うまみ調味料」として用いられるグルタミン酸、甘味料として用いられるアスパルテームです。これは体に必要な化合物であるアミノ酸を積極的

図4.6　トラネキサム酸

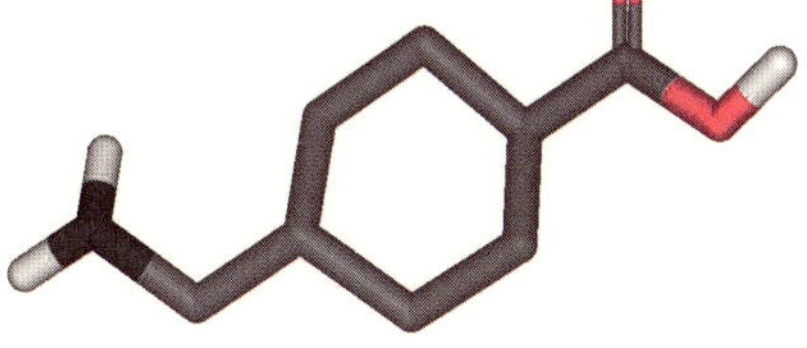

に取り入れるため、おいしい味を感じるように我々が進化してきたせいであると考えられます（食塩・糖分・核酸など、体にとって重要な化合物はいずれも美味に感じます）。長時間煮込んだスープが美味しいのは、肉や骨などに含まれるタンパク質が加熱によって分解し、アミノ酸やペプチドができるためです。味噌や醤油などのうまみも、発酵作用によって生成したアミノ酸の味わいなのです。

というわけで大豆や魚粉のタンパク質を分解して作った「タンパク質加水分解物」は、調味料としてスナック菓子、インスタント食品などによく用いられます。ベストセラーになった『食品の裏側』ではこれを問題視し、〝タンパク質を塩酸で強引にアミノ酸へと分解しているため、発ガン性が疑われている物質である「塩素化合物」ができてしまう恐れがある〟としています。確かにＤＤＴやダイオキシン、ＰＣＢなど嫌われ者の化合物には塩素化合物が多いのですが、何も全てが毒物というわけではなく、塩素が含まれているものを全て一緒くたにするのは誤りです。

そして何より、人間の胃液には塩酸が含まれており、この作用によってタンパク質を分解していることをこの著者はご存じないのでしょうか？　塩酸とタンパク質から毒ができるのであれば、我々の胃袋の中は常に毒まみれということになってしまいます。この後に「タンパク質分解物の安易な濫用によって子供たちの味覚が麻痺してし

●ペプチド
タンパク質と同じく、アミノ酸が一列に結合したもの。一般に、連結しているアミノ酸の数が100以下のものをペプチド、それ以上のものをタンパク質と呼ぶことが多い。

まう」という重要な指摘があるだけに、安易に恐怖をあおるだけの言い回しが大変残念に思えてしまうのです。

しかしグルタミン酸にしろアスパルテームにしろ、「化学調味料」「合成甘味料」というと追放運動の対象になり、「アミノ酸」「ペプチド」と名乗ると健康食品の代表としてもてはやされるわけで、人のイメージとはなんと操られやすいものかと思わずにいられません。いずれも大して恐ろしいものでもさして有り難いものでもなく、単なるタンパク質のありふれた断片でしかないことを、我々消費者は銘記すべきでしょう。

4-3 コラーゲン

異端の多数派

コラーゲンというのも化粧品のCMなどでちょくちょく耳にする名前です。このため「何か肌のきれいになる薬」くらいに思われていたりもしますが、実は我々の体内にもふんだんにある化合物で、体重60キロの人ならなんと4キログラムほどのコラーゲンを体内に持っていることになります。

コラーゲンは実はタンパク質の一種で、体内のタンパクのうち重量比で3割を占める最大多数派です。しかしコラーゲンはその構造といい働き方といい、他のタンパク質とは全く異質な代物です。

まず構造ですが、他のタンパクは1本の鎖が毛糸玉のように一定の形に折りたたまれているのに対し、コラーゲンは3本のタンパク質の鎖がゆるくより合わされた構造をとっています（図4・7）。DNAが有名な二重らせんならこちらは三重らせんというわけで、ただでさえ丈夫なタンパク鎖がロープのようによじり合わされた、極めて

図4.7　コラーゲン

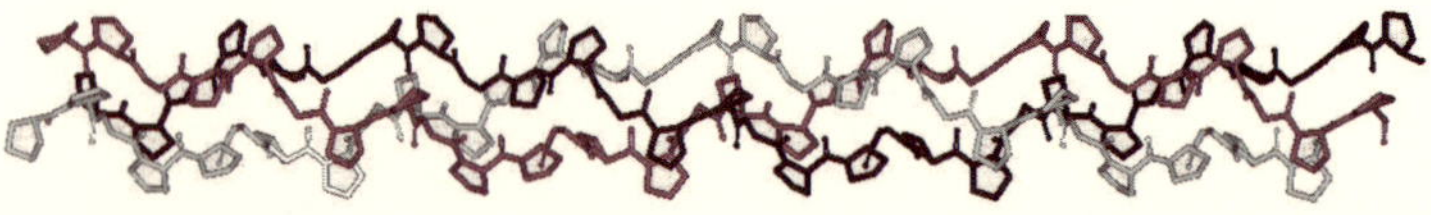

強靭な構造ということになります。この特別なつくりが、我々の体を支える力強い構造材として生かされています。

実際、骨はコラーゲンでできた網目の隙間にリン酸カルシウムの結晶を詰め込んだものです。また筋肉と骨を結びつける「腱」はほぼ純粋なコラーゲンの塊といってもいい組織ですし、生命の基本単位である細胞と細胞を貼り合わせるのもコラーゲンの役目です。要するに我々の体が形を保っていられるのは、コラーゲンのおかげであるといっても過言ではありません。

3重鎖の留め金

コラーゲンにはその他にも、強度を増すための工夫がいろいろと施されています。その工夫の一つが、「**ヒドロキシプロリン**」というアミノ酸の存在です。これは図4・8、9に示す通り、普通のタンパクにも含まれているアミノ酸である「**プロリン**」に、ひとつ余計に水酸基がついたものです。これはほとんどの通常タンパク中には存在していないのですが、コラーゲンでは構成アミノ酸の実に10パーセントがこのヒドロキシプロリンです。

この余分な水酸基が何のためにあるかというと、より合わされた鎖と鎖

図4.8　ヒドロキシプロリン

図4.9　プロリン

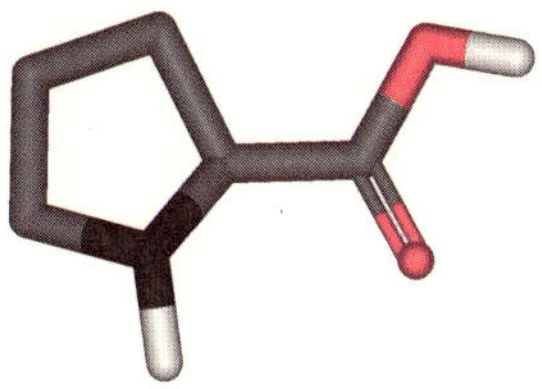

を水素結合によって結びつけ、3本鎖がほどけないための「留め金」の役割を果たしているのです。ヒドロキシプロリンの存在がなければコラーゲンはその形を安定に保つことができず、本来の丈夫な構造になりえません。

ちなみにヒドロキシプロリンは最初からこの形でコラーゲン鎖に組み込まれるのではなく、いったん普通のプロリンを含む長い3重鎖が作られ、そこに後から水酸基が付け加えられます。この反応は特別な酵素の働きによりますが、この時いわばアシスト役としてビタミンCを必要とします。つまりビタミンCなしでは水酸化が起こらず、正常の強いコラーゲン鎖はできあがりません。

大航海時代、長距離を船の中で過ごす船員たちに「壊血病」と呼ばれる病気が流行しました。毛細血管がもろくなって歯茎などから出血し、悪化すると歯の脱落、倦怠感などを引き起こし、ついには死に至る恐ろしい病気です。これは船内での偏った食事のために十分なビタミンCが摂れず、正常なコラーゲンができなくなったために起こった症状でした。ようやく18世紀半ばになって、オレンジやライムを食べることによってこの症状が防げることがわかり、海賊よりもさえ恐れられた壊血病はその姿を消すことになりました。現在では通常の食生活を送ってさえいれば十分なビタミンCが得られますので、壊血病を恐れることはありません。

化粧品として

さて我々が「コラーゲン」の名を最もよく聞く機会は、化粧品のCMであると思います。先に述べたように、コラーゲンは細胞と細胞を貼り合わせる「のり」の役目を果たしています。年をとると徐々にコラーゲンの合成速度が落ちるため、皮膚の張りが失われて小じわやたるみの原因となるのです。

というわけでコラーゲン配合のクリームを塗り、不足するコラーゲンを補えば肌がきれいになる——化粧品のCMはそういう印象を与えようとしていますが、実はここにも例によってトリックがあります。実のところコラーゲンは非常に巨大な分子なので、肌の表面から塗ったところで皮膚内部には浸透していかず、肌の状態を改善するには至らないのです。

コラーゲンはすべすべして皮膚となじみが良く、高い保水効果がありますので、化粧品の素材としては有用なものです。しかしそれは一時的なものであり、残念ながら根本的に肌の質を変えてくれるようなものではありません。

食材として

また各種健康食品にもコラーゲンはよく配合されており、美肌効果などが謳われています。といってもコラーゲンは食材として決して特別なものではなく、我々のなじみ深い食品にも少なくありません。実はコラーゲンを加熱して3本鎖をバラバラにほどいたものがゼラチンであり、その固まりやすさ・とろみを生かして、ゼリー、煮こごり、グミ、ヨーグルト、クリームチーズなどの食品製造に用いられています。

このようにコラーゲン（ゼラチン）は食材として重要ではあるのですが、それに美容効果がどの程度あるかとなるとやはり疑問符がつきます。コラーゲンをいくら食べても、それが直接皮膚に行くわけではないからです。食べたコラーゲンはいったん短くバラバラに分解され、新しいタンパク質へ再構築されます。またコラーゲン特有のアミノ酸であるヒドロキシプロリンは、新しいタンパク合成には再利用されることなく捨てられてしまいます。つまりコラーゲンをいくら食べてもコラーゲンへと再合成される保証はなく、直接に肌がきれいになるともいえないわけです。

またコラーゲンに含まれるアミノ酸はグリシンやプロリンが非常に多く、**トリプトファン**（図4・10）など芳香族アミノ酸が少ないという特徴があります。このため単にタンパク源として見た場合コラーゲンはアミノ酸バランスが悪く、栄養源としてはさほど優れているわけではありません。結局美容のためにはバランスの取れたタンパク質の補給、またコラーゲン合成に必要なビタミンCの十分な摂取、何より十分な睡眠といったことの方が重要といえるでしょう。

弱点ばかりをあげつらうような書き方になってしまいましたが、コラーゲン自体は材料・食材として重要なことは疑いがなく、今後も生体適合素材などとして多くの用途が切り開かれていくことでしょう。ただし美容・健康のためにはコラーゲン一つだけをやたらに摂取しても何もならず、バランスよく食べることや、規則正しい生活の方が重要――と、実に当たり前の結論にたどり着くことになりそうです。

図4.10　トリプトファン

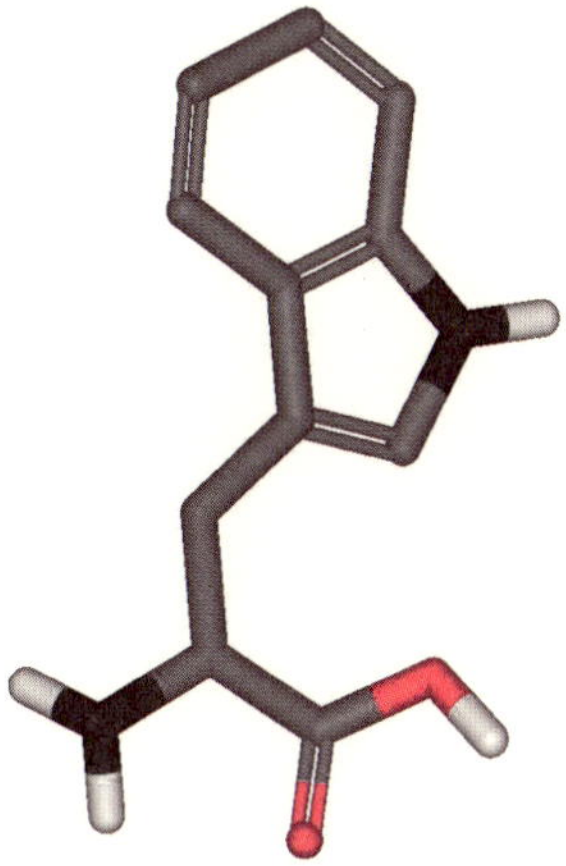

4-4

活性酸素とポリフェノール

生命を脅かした毒ガス

生命の歴史の始まりは37億年ほど前に遡るといわれます。生命はその間に幾度もの大きな環境変化を経験しており、そのたび大量絶滅を繰り返しています。中でも最大といわれるものは、約24億年前に発生したといわれる環境激変です。この時期に発生した藻類が反応性の高い危険な気体を空気中にまき散らし、そのために他の生物はＤＮＡなど重要な分子を破壊され、死に絶えていったのです。「毒ガス」によって死屍累々となった地球には藻類のみがひとり繁栄し、ガスは地球大気に満ちていきました。

しかし生命は実にしたたかなものでもあります。なんとその「毒ガス」の反応性の高さを逆手に取り、その反応エネルギーを利用して生きていく生物が現れたのです。その生命体は豊富なエネルギーを活用してどんどん繁殖していき、現在のほとんどの動物の祖先となりました。もちろん我々人類もその子孫の一つです。

種を明かせば、藻類がまき散らして他の生物を絶滅に追いやった毒ガスというのは

「**酸素**」のことです。いうまでもなく我々の体を動かすエネルギーは、糖類や脂肪などを酸素と化学反応させて得ているものです。現代の生命の多くは酸素の恩恵のもとに生きているわけですが、一方でいまだに酸素は生命の脅威でもあり続けています。普通の空気中に含まれる酸素そのものはそこまで強烈な反応性を持っているわけではありませんが、問題となるのは化学反応によって普通の酸素から作り出される「**活性酸素**」と呼ばれるものです。これは単一の物質を指すのではなく、スーパーオキシドアニオンラジカル、ヒドロキシラジカル、過酸化水素、一重項酸素など、酸素から生まれる反応性の高い化学種をまとめて呼ぶ言葉です。我々が体内で酸素を反応させてエネルギーを得る過程でも、この活性酸素は大量に生成します。

では、活性酸素は具体的にどう有害なのか? いくつかの理由が言われていますが、一つは活性酸素がDNAを破壊することによって正常な細胞分裂ができなくなり、ガンを引き起こす要因となることが挙げられます。タバコ・酒・アスベストなどによる発ガンにも、活性酸素が関わっている可能性が示唆されています。また脂肪酸の分子と反応することによってアルデヒド類など反応性の高い化合物が生じ、これがあちこちで余分な反応を起こしてしまうともいわれます。またLDL(いわゆる悪玉コレステロール)が活性酸素で酸化されることにより、粥状動脈硬化症が引き起こされることもわかっています。

こうして見ていくと、活性酸素がいろいろなレベルで動物の寿命に関与していることは、ほとんど疑いがありません。例えば通常3年ほど生きるマウスは、純粋な酸素の中で飼育すると数日しか生きられないといいます。酸素の中で生きることに適応した現代の生命体にとっても、一面で酸素はいまだ毒物でもあるのです。

生命の敵・活性酸素をつぶせ

この活性酸素から身を守るため、我々はいくつもの防御機構を身につけています。例えばスーパーオキシドは**SOD**（スーパーオキシドジスムターゼ）という酵素によって効率よく分解されますし、**カタラーゼ**は過酸化水素を無害な酸素と水に変えてくれます。特にSODは重要で、SOD活性が寿命に密接に関連していること、また年を取るに従ってヒトのSOD活性は落ちてくることなどが報告されています。

活性酸素に対抗するための武器としては、SODなどの酵素だけでなく、食品中に含まれるいわゆる「抗酸化物質」もあります。例えばビタミンCやEは活性酸素と反応し、無害な水などに変えてくれる作用を持ちます。現在人気のサプリメント・コエンザイムQ10なども これと同様です（169ページ参照）。

ポリフェノールの抗酸化作用

この他、やはり活性酸素と反応してこれを潰してくれる化合物として、今話題の**ポリフェノール類**があります（図4・11）。フェノールはベンゼン環に水酸基が1つ直結した化合物であり、これ自身は有害な化合物です。しかしこうしたフェノール性水酸基をたくさん（＝ポリ）持つポリフェノール類は自然界に広く分布し、様々な役割を果たしています。

ポリフェノールと言った場合大変広い範囲の化合物を指しますが、現在体によいとして話題になっているのは植物の色素となるアントシアニン類、茶の成分であるタンニン類などを指す場合が多いようです。これらは活性酸素と反応して、これを無害化してくれる性質を持ちます。

例えばリンゴを切ってしばらく放置すると切り口が褐色に変化してきますが、これは含まれているポリフェノールが空気中の酸素に酸化されて色がついてくる現象です。つまりリンゴを食べれば、体内でＤＮＡや脂質などの身代わりにリンゴポリフェノールが活性酸素と反応し、これを潰してくれることが期待できるわけです。実際、ポリフェノールを含む食品が健康によいことを示唆するデータは数多く出ています。

図4.11　フェノール

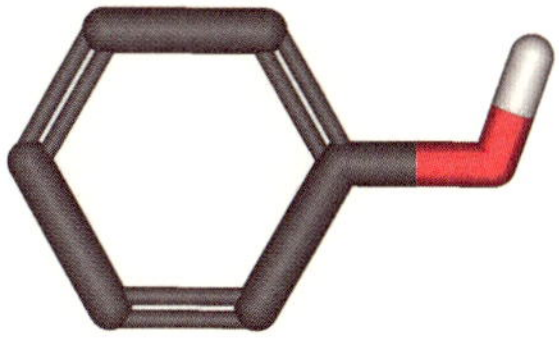

以下にいくつか紹介しましょう。

カレーやウコンに含まれる黄色色素**クルクミン**（図4・12）はよく二日酔いの予防によいなどと言われますが、抗酸化作用も持つことが知られています。特にこれが腸管で代謝されてできるテトラヒドロクルクミンが強い抗酸化作用を持ち、大腸・腎臓・膵臓・乳ガンなどの予防に有効なのではないかとして研究が進められています。また最近では、アルツハイマー病の原因となるβアミロイドの蓄積を防ぐというデータも出ています。クルクミン自体毒性の低い化合物であり、一日100～200ミリグラムで効果が期待できるということなので、カレー好きの方には朗報ではあるでしょう。

また緑茶に含まれるタンニン類、中でも渋み成分である**エピガロカテキンガレート（EGCG）**には、顕著な抗発ガンプロモーション作用が見出されています（図4・13）。たくさん緑茶を飲む人の各種ガン発生率が低いことは数多く報告があり、お茶どころ静岡のガン発生率は全国平均に比べてかなり低いとのデータもあります。

紅茶ではカテキン類が発酵によって縮合し、**テアフラビン**（図4・14）などの赤色色素に変化しています。このテアフラビンにも抗ガン作用は

図4.12　クルクミン

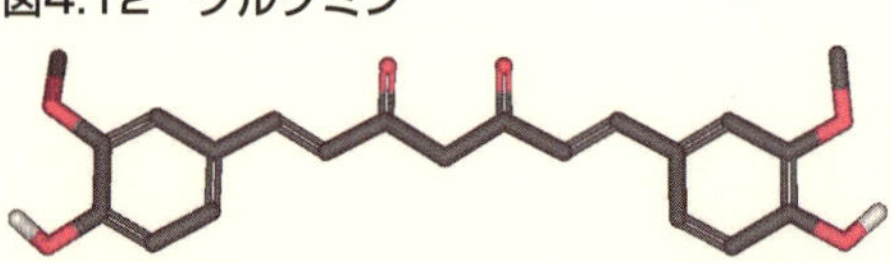

図4.13　EGCG

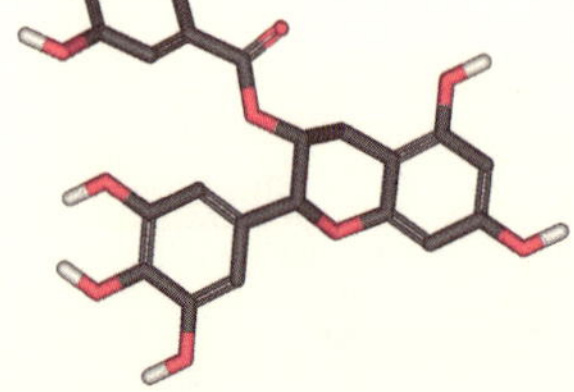

ありますが、ミルクティーにすると牛乳のタンパクと結合して色が変わってしまい、体内に取り込まれにくくなることもわかっています。つまり緑茶というのはポリフェノール摂取の優れた方法であり、弊害が少なく効果の期待できる健康飲料である、とはいえそうです。

「抗酸化」の罠

が、抗酸化食品さえ食べていれば健康に長生き——と単純につながるものかどうか？　今のところそう簡単に言い切ってしまっていいものではないようです。例えばポリフェノールを含む食品といっても他にも様々な成分を含みますから、トータルで見た場合本当に健康によいかは一概にはいえないのです。例えばチョコレートがポリフェノールを多く含むのは事実ですが、それだけ食べていたら脂肪と糖分の摂りすぎの害の方が大きいことでしょう。

また強い抗酸化作用を持つことで知られるβ-カロテン（にんじんやカボチャなどの黄色色素）がガンの予防によいのではないかと考え、喫煙者にサプリメントとして摂取してもらう実験を行ったところ、逆に肺ガンの発生率が2割ほど上昇してしまうことがわかってあわてて試験を中止したケースなどもあります。抗酸化物質といっても、

図4.14　テアフラビン

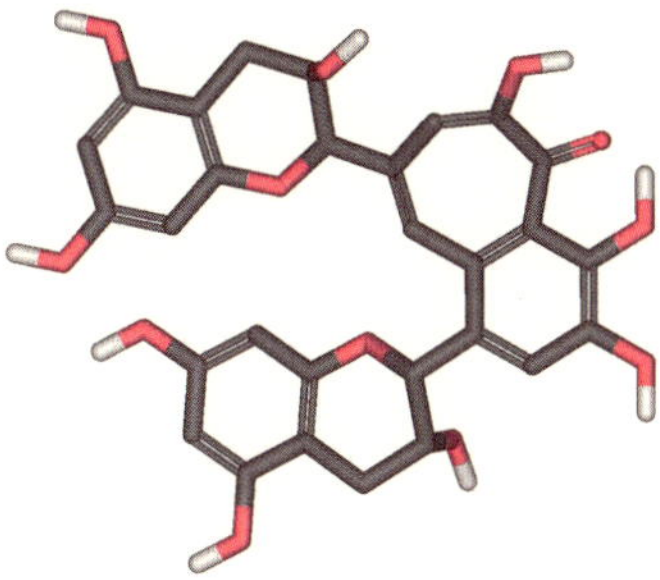

体内ではどこに運ばれてどう作用するかは予測しきれるわけではなく、考えなしに大量服用するのは危険なのです。

また、活性酸素を除去すると謳った製品には、かなり怪しいものが少なくありません。還元水・活性水素水などと称する物が教授や博士のお墨付きで売り出されていたりしますが、科学的根拠は薄く効果は期待できないと見られるものが少なくありません。

また逆に酸素を溶かしたと称する「酸素水」というものが飲料メーカーから発売されましたが、水に溶ける酸素は極めてわずかである上、胃腸から酸素を取り入れてよいことがあるというデータは全くありません。まあ体に悪いこともないでしょうが、せいぜいお金を払ってオナラの元を増やすくらいが関の山であると思われます。

どうにも「健康」「水」とつく商品には、マルチ商法や訪問販売などとからんだ、怪しいものが多いようです。教授や博士といった肩書きの権威、巧妙なセールストークにまどわされぬよう気をつけたいものです。

4-5 大ブーム・コエンザイムQ10の化学

酵素のアシスタント

何度か述べている通り、タンパク質（酵素）は生命を支えるほとんどの反応をやってのけます。とはいえタンパク質もさすがに万能というわけではなく、単独ではできない重要な反応もいくつかあります。その一つが「酸化還元反応」と呼ばれるものです。ある化合物が酸化されるというのはその分子から水素（あるいは電子）が奪われるということですが、この時必ずその水素を受け取るべき化合物が必要になります。しかしタンパク質を作る20種のアミノ酸には、水素を受け取ったり与えたりできる分子が存在しないのです。

そこで生体はこれを解決するため、水素を受け渡しする能力を持つ小分子を用意し、これと酵素との連係プレイで酸化還元を行うシステムを作り出しています。こうした酵素単独ではできない反応のアシストをする小分子を「補酵素（coenzyme）」と呼びます。「co」という接頭語は「共同」、「enzyme」は酵素を意味します。

最近話題のサプリメント、**コエンザイムQ10**（CoQ10）もこうした補酵素の一種です（図4・15）。「Q10」は、**キノン**（quinone、図4・16の六角形部分）に**イソプレン**と呼ばれる炭素5個から成る単位（枠内）が10個つながった構造であることを示しています。Q1～Q12というものも見つかっていますが、人間の体内で主に働くのはQ10です。

この分子のミソとなるのは、図のキノン部分です。キノン類は水素を2原子受け取ってヒドロキノンという安定な分子になることができ、前述した水素の受け手、与え手としてぴったりの性質を持ちます。

生体が食物を分解してエネルギーに変える過程というのは、脂肪や炭水化物の分子を徐々に酸化分解していく過程であり、CoQ10はここに関わっています。酸化酵素を「機械」とすれば、食物の分子は「燃料」であり、CoQ10はそれをうまく回していくための「**潤滑油**」に例えられるでしょう。要するにCoQ10なしでは、我々の体はエネルギーを作り出すことができないわけです。

もう一つの役目

しかしそれだけの役目であれば、CoQ10はエネルギー生産に関わる器官（ミ

図4.16　キノンの還元型（左）・酸化型（右）

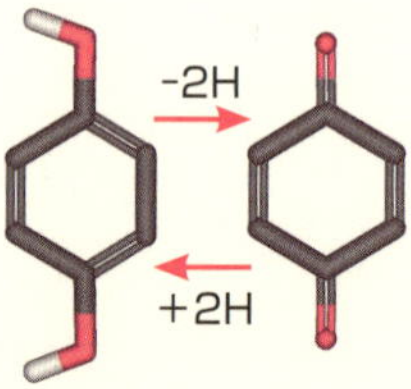

図4.15　コエンザイムQ10

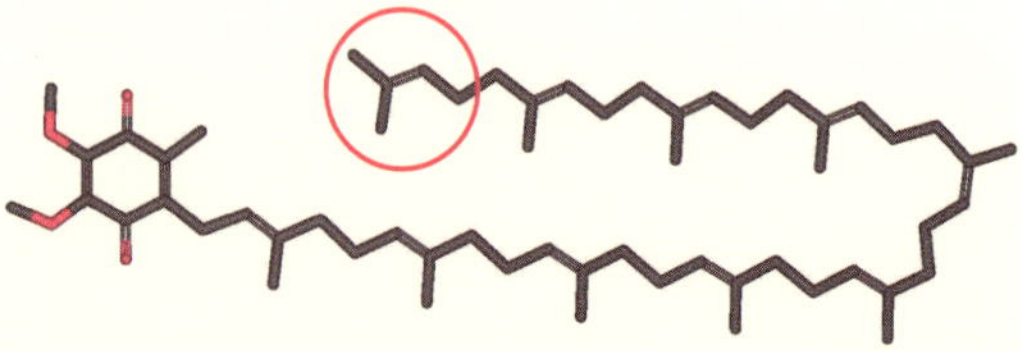

トコンドリア）だけに存在していればよいはずです。ところが実際にはCoQ10はミトコンドリアにとどまらず、生体内のあちこちで見出されています。これはCoQ10のもう一つの役目、「**抗酸化作用**」のためと考えられています。

前項で述べたように、体内でエネルギーを作り出す過程では有害な活性酸素が発生することがあります。還元型のCoQ10はこの活性酸素に水素を与え、無害な水などに変換してしまう働きを持ちます。別の言い方をすれば、CoQ10は酸化を受けやすい性質を生かし、他の重要分子の身代わりに活性酸素と反応してこれを潰す役割を負っているということになります。他にビタミンC、Eなども、同様な抗酸化作用を持つことが知られています。

このようにCoQ10は、体内でエネルギー生産・抗酸化作用と2つの重要な働きに関わっています。こうした化合物ですので普通は体の中で十分な量が作り出されていますが、40歳を過ぎると徐々に生産力が落ちてきます。こうしたことからアメリカでは早くからサプリメントとして摂取することが推奨され、日本でも2001年になってサプリメントとしての使用が認可されました。その後TVなどでの紹介もあって爆発的な売れ行きを記録し、入手が困難なほどの人気を呼んだのは記憶に新しいところです。サプリメントとしてのCoQ10は目立った副作用も報告されておらず、肌がきれいになった、疲労回復に役立ったなどよい評判が多いようです。総合的に見て、アンチエイジングサプリメントとして最高のものと太鼓判を押す研究者も多く、一時期のブームが去った今もかなり根強い人気を保っているようです。

逆効果？

しかしCoQ10の効果を疑う声もあります。例えば、先ほど年を取ると体内でのCoQ10の生産が落ちてくると述べました。しかしこれは、CoQ10が足りなくなるから老化が進むのではなく、加齢によって代謝が落ちてきたからもうCoQ10が必要なくなり、生産量を減らしているのだと考えることもできます。そうであった場合、体外からの補給によって不自然にCoQ10の量を増やすのは、かえって体のバランスを損なう可能性もあるわけです。

近年になり、線虫にCoQ10を与えるとかえって寿命が縮むという意外な結果が報告されました。詳細についてはまだわかっていませんが、CoQ10を大量に与えることでエネルギーの産生効率がアップし、その際にできる活性酸素の量が増えてしまうからではないかという説があります。活性酸素をつぶすのもCoQ10なら、活性酸素を作り出しているのもCoQ10なわけで、どちらの効果が勝つかは難しいところです。線虫での結果が人間にそのまま当てはまるわけではないでしょうが、自らもCoQ10を毎日大量摂取していた研究者が、この結果を聞いてあわてて摂取量を3分の1に減らしたという話もあったようです。

CoQ10はいくらもともとが体内物質であるとはいえ、あまりに大量に長期に渡って摂取した場合、どういう影響があるか十分なデータが揃っているわけではありません。動脈硬化や高血圧の進んでいる人ほど、CoQ10の血中濃度が高かったという意外な実験結果もあります。これが直ちにCoQ10のせいといえるわけではないでしょうが、今のところ大量摂取したときに全く危険がないとはいえない段階です。また健康食品として流通しているCoQ10は一日の摂取量が100ミリグラム前後となっていますが、厚生労働省では2006年に摂取量を一日30ミリグラム程度に抑えるべきとの通知を出しています。美容の一環として適度に使用するならともかく、あまりに過信してやたらに飲み続けるのは考え物ではないではないでしょうか。

4-6 ワインの威力・レスベラトロール

奇跡の長寿物質？

ここまで「食べるだけで健康になれるようなうまい話はない」と何度も述べてきました。が、科学的なアプローチで不老長寿を実現しようという研究も実はかなり進んでおり、その入口になりそうな化合物も見つかってきてはいます。赤ワインに含まれるポリフェノールの一種「レスベラトロール」がそれで、現在学界で大いに注目を集めている化合物です（図4・17）。すでに「レスベラトロール」で検索すると山ほど健康食品のサイトが引っかかり、「寿命を延ばす」「心臓病、ガン、アルツハイマーなどの難病を防ぐ」など、景気のいいあおり文句が飛び込んできます。コエンザイムQ10の大ブームが過ぎた後、サプリメント業界はこのレスベラトロールを次代のエースに育てようと虎視眈々——とも見えますが、さて実力の方はどうなのでしょうか？

図4.17　レスベラトロール

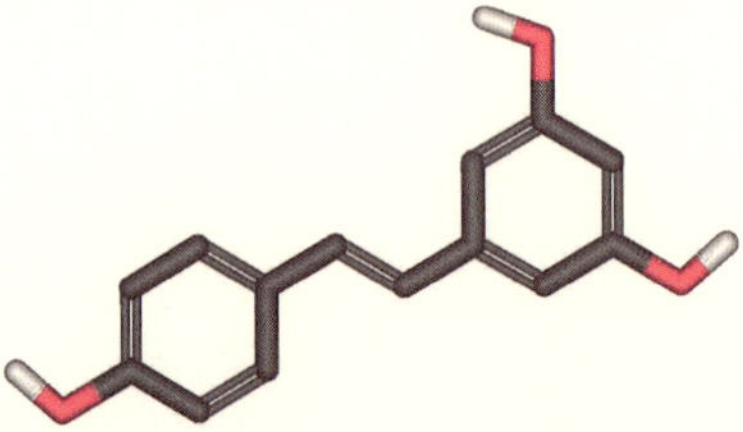

寿命を延ばす唯一の手段

あらゆる科学技術が発展した現代においても、不老不死は変わらず人類の最大の夢であり続けています。当然様々な研究が行われてきましたが、これまでに動物実験で確実に寿命を延ばすことに成功した手法はただ一つ、**カロリー制限**しかありません。摂取カロリーを通常の6～7割に抑えることにより、線虫から霊長類までの様々な動物が長生きになることが確認されているのです。肝心の人間の場合はどうかというと、人体実験になってしまうので残念ながらしっかりしたデータがありません。しかし昔から長寿の秘訣として「腹八分目」ということが言われている通り、ヒトの場合においてもこの方法はなにがしかの真実を含んでいるとも思えます。

ではカロリー制限を行うことにより、いったい何が起こるのか？　いくつかの説がありますが、「十分な栄養を得られない」という環境ストレスに抵抗するために最大限の生存機能が引き出され、長生きができるようになるという理論が提唱されています。具体的にはこうしたストレスにより「Sir2」というタンパク質が体内でたくさん作られ、これが各種の細胞の代謝を調整することにより寿命が延びるのだといわれます。生存競争の厳しい自然界では十分な栄養が確保できない状態の方が多いでしょうから、こうした状況に最適になるよう生命が設計されている、というのは十分ありえる話のように思えます。

擬似低カロリー状態を作り出す

とはいえ3〜4割ものカロリー削減を人間が実践するのはいうまでもなく大変なことで、空腹を抱えて100年生きるより、おいしいものを食べて70年生きる方がよほど幸せだという人の方が多いことでしょう。しかし、何らかの方法によって人工的にカロリー制限を模した状態を作り出せば、空腹に耐えることなく長生きができることになるはずです。この「**擬似カロリー制限状態**」を作り出すのが、現在注目のレスベラトロールであるというわけです。

レスベラトロールを投与された動物は、特にカロリー制限を受けていない状態でも長寿のカギであるSir2の産生を活発化させ、酵母・線虫・ショウジョウバエなど様々な種で30パーセントほど寿命が延びることが確認されています。

また2006年には、高カロリー食を与えて太ったマウスにレスベラトロールを投与すると、肥満に伴う各種症状（メタボリック症候群）が現れず、健康を保ったまま長生きすることが「Nature」誌に報告されています。となると人間ではどうなのかが当然気になりますが、これは今のところ臨床試験が終わっていないのでまだ何ともいえません。

赤ワインは長寿の飲み物？

レスベラトロールの効果の傍証として、「**フレンチ・パラドックス**」と呼ばれる現象があります。脂肪分の取りすぎが動脈硬化をもたらし、ひいては生死に直結する重大な心臓疾患を引き起こすことはご存知と思います。ところが動物性脂肪をヨーロッパで最もたくさん摂取するフランスの農民にはこれらの病気が少ないことが知られており、昔から謎とされてきました。これが赤ワインに含まれるレスベラトロール及び各種ポリフェノールのおかげではないか、とする説があるのです。

と、こう書くとワイン好きは大喜びとなるわけですが、これらを否定する意見もあります。ワインには何万という物質が含まれますし、またワイン愛飲家に病気が少ないと言ってもここには地域・年齢・食文化など様々なファクターがからむので、一つひとつの化合物の善し悪しを判定するのは非常に難しいことなのです。心臓病に効果があるのはポリフェノールではなく適量のアルコールだという人もいますし、単にワインをたくさん飲めるほど経済状態のよい階層は、栄養もよく健康にも十分気を配っているからだという説もあります。また動物実験の結果からすると、レスベラトロールの効果が出るためには一日数杯程度の酒量ではとても足りそうになく、ワインさえ飲んでいれば長生きできるというほど単純なことではなさそうです。

しかし海外では早くもこうしたレスベラトロールの作用に注目し、サプリメントとして大量に摂取する人が現れているようです。今のところ人間が摂取して大きな障害が現れたという報告はありませんが、まだ実際にはどのような効果があるかわからず、どれだけ飲めば有効なのか、どれだけ飲んだら危険なのかも十分にわかってはいません。レスベラトロールについてもっと知識が蓄積するまで、安易な大量摂取は控えた方がよい——というのが大方の研究者の意見であるようです。

サプリメント一つで果たしてバラ色の未来が訪れるのか、明らかになるのはまだ先のことのようです。しかしこうした長寿に関する研究は各分野で進んでおり、「あと20～30年で人類は不老不死になる」と主張する科学者さえいるようです。まさか、と思われるかもしれませんが、戦後先進国の平均寿命が20年以上延びているのはまぎれもない事実です。そう簡単に不老不死が実現されることはないにせよ、これからも寿命が延びる余地は十分に残されていそうです。

人類は何千年も「不老不死」を追い求め続け、ついにその後ろ姿がぼんやりと見えるところまでやってきました。が、不死に近づくというのはどういうことなのか、長寿は我々にいったい何をもたらすのか？　そろそろ我々はこうした問題を、真剣に考えなければならない時期に突入しつつある——のかもしれません。

COLUMN

カテキンの意外な用途

本文中でも述べた通り、緑茶カテキンには様々な健康効果が期待されています。しかしカテキンには、全く別の意外な用途も報告されています。

カーボンナノチューブは、炭素が筒状に細長くつながったもので、極めて丈夫であり、高い導電性を示すなど優れた特性を併せ持ちます。このためナノチューブは「驚異の新素材」と呼ばれ、ナノテクノロジーの旗手として大きな注目を集めています。

が、このナノチューブの欠点は、ほとんどの液体に全く溶けないという点です。化学反応や精製などの操作はほとんど溶媒に溶かして行いますから、溶液にならない限り応用範囲はかなり制限されます。

ところが2007年、九州大学の中嶋直敏教授は、なんと「伊右衛門茶　濃いめ」にナノチューブが溶けることを発見しました。それまであらゆる溶媒に溶けないと思っていたナノチューブが、コンビニで売っている緑茶に溶けたというのですから、これには日本中が驚きました。その後の研究で、これはカテキンの効果であることがわかっています。

ナノチューブはベンゼン環をたくさんつなげた構造ですが、カテキンはベンゼン環を3つ持っていますので、お互いに引きつけ合います。一方カテキンは水となじみやすい水酸基を8つも持っているので水溶性も高く、うまく両者の仲立ちをすることができるのです。

カテキン類は毒性も低いため、ナノチューブの生化学分野などへの応用も可能であるかもしれません。数千年にわたって愛されてきた飲み物が、現代技術の最先端でもその力を発揮しようとしているのは大変面白いことです。

第5章

医薬の光と影

5-1

生命を守る・医薬の闘い

医薬の効く仕組み

20世紀は、我々の生活がこれまでにないほど激変した時代でした。中でも医薬の進歩ほど、我々のライフスタイルを大きく変えたものはありません。かつて不治の病と恐れられた結核などの感染症は、優れた抗生物質のおかげで今やほとんど影を潜めています（図5・1）。心臓や血管などの致命的な病気も、降圧剤の進歩により、ずいぶんとコントロール可能になりました。戦後、日本人の平均寿命は30年以上伸びていますが、ここに新しい医薬の力が大きく貢献していることは疑う余地がないでしょう。

では、この医薬というのはいったいどんな化合物なのでしょうか？　実のところ、医薬分子の大きさはナノメートル（10億分の1メートル）単位という、きわめて小さなものです。もし薬の分子を1メートルの大きさに拡大したとしたら、人間の体は月の公転軌道ほどの大きさになってしまう

図5.1　結核の特効薬ストレプトマイシン

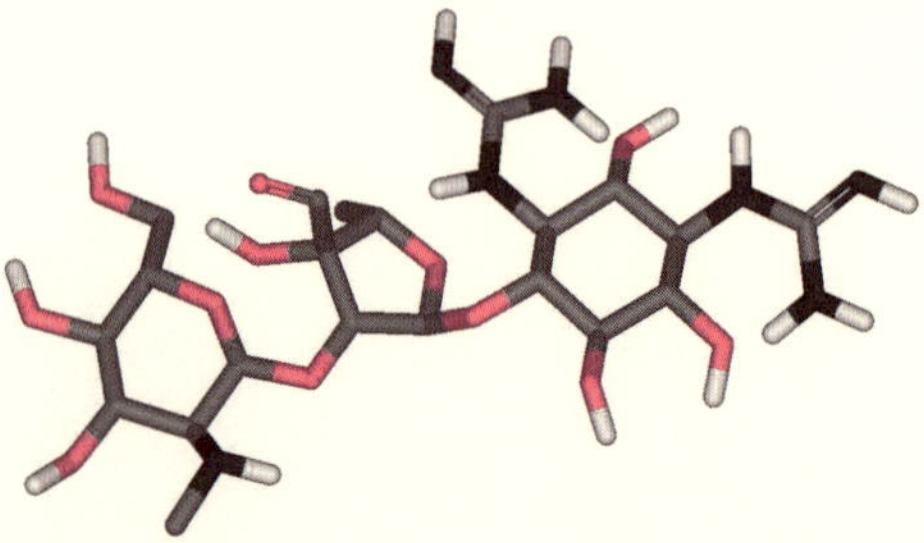

ことになります。これだけ小さな医薬分子が、どうやって巨大な人間の体の調子を変えてしまうのか？　その鍵は本書でも何度か登場している「タンパク質」にあります。

タンパク質は数十から数百のアミノ酸が一列につながり、一定の形をとって丸まったものです。普通の化合物に比べれば何百倍も大きなサイズではありますが、分子の一種であるには変わりありません。人体には何万種類ものタンパク質があり、取り入れた食品を消化分解するもの、体内のすみずみに酸素を運ぶもの、アミノ酸や糖など体に必要な分子を合成するもの、体温や血糖値を調整するメッセージを伝えるものなど、生命という複雑なシステムを運営していくためのありとあらゆる機能を受け持っています。生命の機能を解き明かすことは、ある意味でタンパク質の機能を解明することであるといっても決して過言ではありません。そして医薬とは、この**タンパク質にうまく結合し、その働きを調整する化合物**なのです（例外ももちろんありますが）。

例えば胃潰瘍の薬を例にとって考えてみましょう。胃潰瘍は、胃酸が出過ぎることによって自分の胃壁が溶け、穴が開いてしまう病気です。ストレスやピロリ菌の感染、刺激性の食べ物の摂りすぎなどの原因によって発生します。もちろんストレスを取り除ける薬があれば一番いいのですが、それは今のところ実現しそうにありません。そこで医薬はどうしているかというと、胃酸の出過ぎを抑えることによって、その症状を和らげているのです。胃壁の細胞には「**H_2受容体**」と呼ばれるタンパク質があり、ここに**ヒスタミン**（図5・2）という小さな分子が結合することによって合図が出され、胃酸が放出されます。いわばヒスタミンは鍵、H_2受容体は鍵穴に相当するわけです。

抗胃潰瘍薬の分子はこのヒスタミンに似せて作ってあり、H_2受容体に強力にとりついてヒスタミンが結合できないようブロックしてしまうのです。要するに薬というニセの鍵によって受容体をだまし、胃酸の放出にストップをかけているわけです。こうした「**H_2ブロッカー**」と呼ばれるタイプの薬（図5・3）の出現により、それまで手術で切り取るしかなかった胃潰瘍は薬を飲むだけで治まる病気になってしまいました。他の多くの薬も仕組みとしてはこれと基本的に同じことで、何らかの形でタンパク質に結合してその働きを調節し、体全体の調子を整えているのです。

毒と薬

しかし体の機能を一部ブロックしてしまうわけですから、医薬は使う量や相手を間違えると危険なこともあります。例えば**インスリン**には血糖値を下げる働きがあり、糖尿病患者にとってはなくてはならない薬です（図5・4）。しかし健康な人に

図5.3　H_2ブロッカーの一種・シメチジン

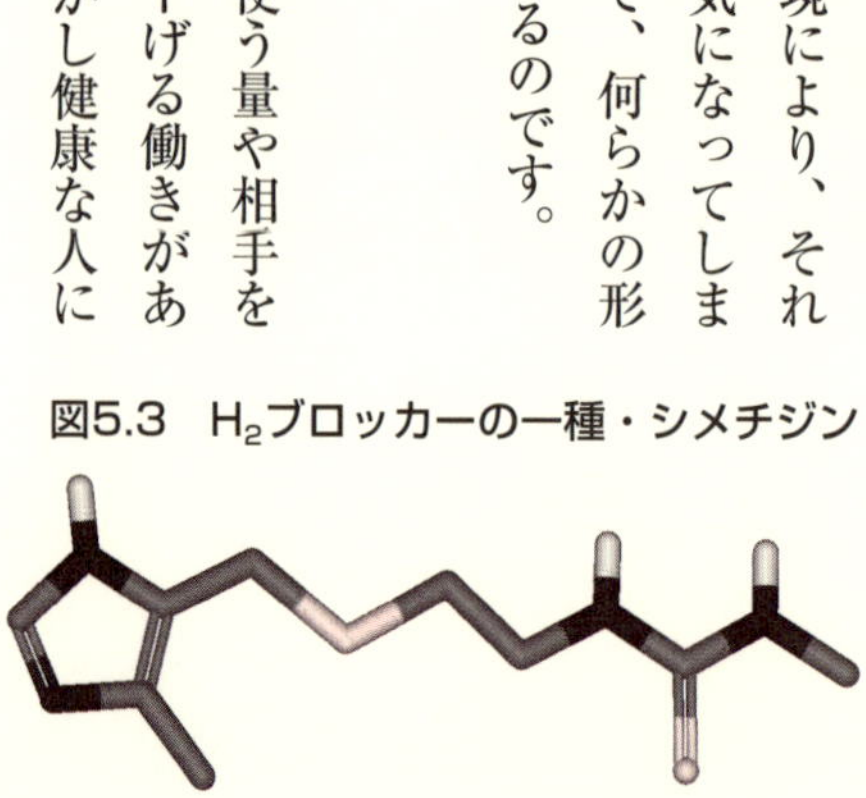

図5.2　ヒスタミン

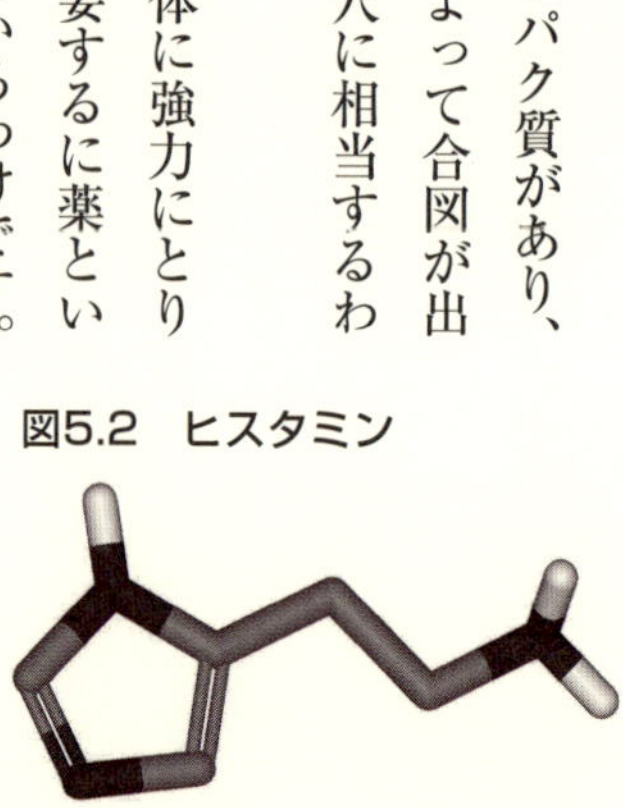

インスリンを注射したら、大切なエネルギー源である糖分が細胞に十分に配給されなくなり、すぐに倒れてしまうことでしょう。また高血圧の薬を間違えて飲み過ぎたら、血圧が下がりすぎて危険な状態を招くこともあり得ます。言ってみれば医薬というのは、健康な人に対しては毒となりうる化合物を取り入れることによって体のバランスの崩れを中和し、平衡を取り戻すためのものであるということがいえます。

よく言われる、「**薬と毒は紙一重**」というのはこういうことです。そしてこれは、医薬の避けがたい宿命である「副作用」の問題ともつながってきます。

医薬の副作用の原因とは何なのでしょうか？　先ほど、体内には数万種類のタンパク質があるといいました。その中にはよく似た構造を持つもの、一つで複数の機能を受け持つもの、多数のタンパクの連携プレーで一つの機能を実現するものなど様々なタイプがあります。つまり一つの医薬分子は一つのタンパクのみに影響を与えるだけとは限らず、目的ではないタンパク質に結合したり、意図していない機能までブロックしてしまったりして、望んでいない余計な作用を発現してしまう

図5.4　インスリン

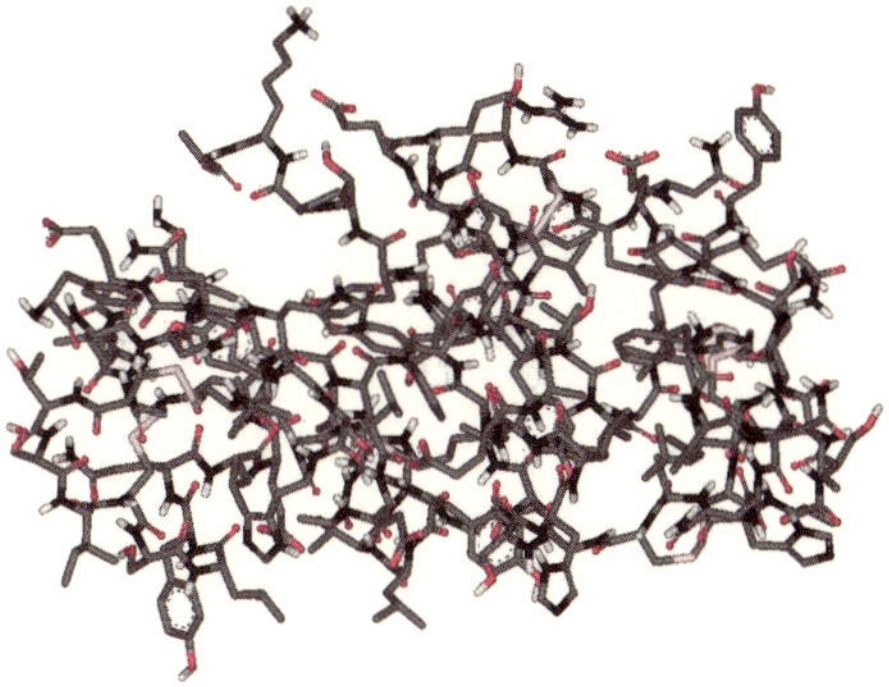

●インスリン
53個のアミノ酸からなるペプチドの一種。体内で造られ、血糖値を下げるホルモンとして働く。糖尿病患者にはインスリンを外部から投与することにより、血糖値の上がりすぎを防ぐ。

ことがありうるのです。

また人によって持っているタンパク質の種類が違ったり、量が異なったりといったケースもあります。このためAさんの病気はきれいに治せても、Bさんには全く効かない、あるいは逆に体調を崩してしまうなどといったことも起こりえます。これら望みでない医薬の作用を、我々はまとめて「副作用」と呼んでいるわけです。完璧に望んだ作用だけを発現するということは、残念ながらできません。たかが数十個の原子でできた化合物である医薬で、超複雑なシステムである人体を完全に制御しようというのは無理な相談なのです。

誰にでも100パーセント効き、子供や老人が飲んでも全く安全で、量を過ごしても大丈夫、副作用も全くない——。こんな薬があれば理想ですが、残念ながらそのようなものは存在し得ません。結局医薬は「病気を治す」という利益と、副作用というリスクのバランスを天秤にかけながら、慎重に扱うべきものなのです。

と、なんだか脅すようなことばかり言いましたが、薬局で普通に手に入るような薬は効き目もマイルドで、実際問題として心配するほどの副作用はないといってもいいでしょう。医者で処方される医薬も近年では極めて厳しい審査を課されているため、指示を守って服用している分には問題が起こることはそうありません（といっても例えば極めてリスクの高いガンのような病気なら、かなりの副作用を覚悟で強い薬を用いざるを得ないこともありますが)。

とはいえ医薬は直接人の生命に関わるものであるため問題は大きく、一筋縄ではいきません。この章ではいくつか有名な医薬を取り上げ、薬効と副作用の関係について考えてみたいと思います。

5-2

アスピリンの物語

医薬の王様

人類と医薬のつきあいは有史以前から始まっています。これまでに用いられた医薬の種類は、それこそ呪術師のまじない程度のものから遺伝子工学を駆使して作られた最新の医薬まで、全てを含めれば数十万、数百万という単位にのぼることでしょう。

ではその中で人類の歴史上最も多く使われた、「薬の王様」というべき薬は一体何か。その座に就くのはまず間違いなく、この項の主役「**アスピリン**」をおいて他にありません（図5・5）。アスピリンは19世紀末に発売されて以来、最もポピュラーな抗炎症剤・鎮痛剤として現在に至るまで使われ続けており、その圧倒的な生産量は他の薬剤の追随を全く許しません。またアスピリンを改良する努力から生まれた新薬も数多く、その物語は21世紀の現代にまで続いていています。

図5.5　アスピリン

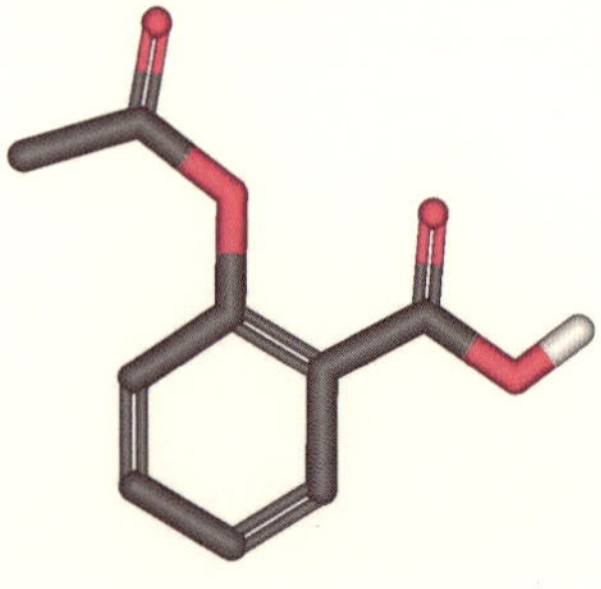

柳から生まれた薬

アスピリンのそもそもの歴史をたどれば、東洋・西洋で共に古くから鎮痛剤として用いられていた「ヤナギの枝」に行き着きます。いわゆる爪楊枝は、虫歯の痛みを止めるためにヤナギの枝を噛んだのが始まりという説もあるくらいです。19世紀中頃に至ってこのヤナギの木から有効成分が純粋に取り出され、ヤナギの学名「Salix Alba」にちなんで「**サリチル酸**（salicylic acid）」と名付けられます（図5・6）。1870年代からこのサリチル酸はリウマチなどに対する抗炎症剤として用いられ始めましたが、この化合物には重い胃腸障害という副作用もあり、投与された患者はみな強い胃痛に悩まされることとなりました。

ドイツの化学会社バイエルはサリチル酸のこの作用に目をつけ、当時29歳の若き化学者フェリックス・ホフマンにその副作用を軽減する研究を命じます。ホフマンの父もサリチル酸を服用するリウマチ患者で、副作用の激しい胃痛に悩まされている一人でもあったことから、その研究は単に社命というにとどまらない切実な動機がありました。

ホフマンはサリチル酸の強い酸性が胃を痛める原因ではないかと考え、水酸基をア

図5.6　サリチル酸

セチル化して酸性を弱めた「アセチルサリチル酸」を試すことを思いつきます。結果は大成功で、この化合物は関節の炎症を抑えて痛みを除いた上に、副作用はサリチル酸に比べてはるかに弱くなっていました。

この薬はアセチルの「ア」＋「スピル酸」（サリチル酸の別名）から「アスピリン」と名付けられて1897年に発売され、あっという間に医学界の話題をさらいます。ちなみにこの「アスピリン」という言葉はバイエル社の商標でしたが、第一次世界大戦でドイツが敗北した際に賠償の一環として連合国に取り上げられ、各社で自由に使ってよい薬品名ということになりました。逆に言えば賠償として狙われるほどに、鎮痛剤アスピリンの威力とネームバリューは絶大であったともいえます。

最大の市場であるアメリカでの売れ行きは特に凄まじいもので、アメリカ人が大恐慌や禁酒法などによるストレスに悩まされた1920～30年代を指して「アスピリン・エイジ」という言葉さえ生まれたほどです。現在でもアメリカ人は驚くほどアスピリンを愛用しており、その消費量は年間1万6千トン、200億錠にも達します（日本のそれは300トン）。数多《あまた》の医薬が歴史の波に淘汰されていった中、一世紀の風雪に耐えてなおこれだけ売れ続ける薬というのは他に全く例がありません。

なぜ痛みが止まるのか

ところが信じ難いことに、これほどポピュラーな薬であるアスピリンがなぜ痛みを抑え、炎症を鎮めるのかは70年以上も謎のままでした。その解明の第一歩になったのはイギリスのベイン、スウェーデンのベルグストレームらによる「**プロスタグランジン**」（略称**PG**）という物質の発見でした。PGには少しずつ構造の違う類縁体がたくさんあり、現在までに30種以上が発見されています。これらはほとんど見分けがつかないくらいにお互いによく似ているのに、それぞれ体温の調節・血管の拡張・胃液の分泌・痛みの伝達など多彩な生理作用を示します。

PGの原料になるのは**アラキドン酸**（図5・7）という化合物で、これが**シクロオキシゲナーゼ**（cyclooxygenase、略称**COX**）という酵素の作用によって**プロスタグランジンH_2（PGH_2）**になります（図5・8）。こうしてできたPGH_2がさらに変換を受け、他のプロスタグランジンが生産されていきます。その一つには、炎症を媒介する働きのある**プロスタグランジンE_2（PGE_2）**もあります（図5・9）。

図5.7　アラキドン酸

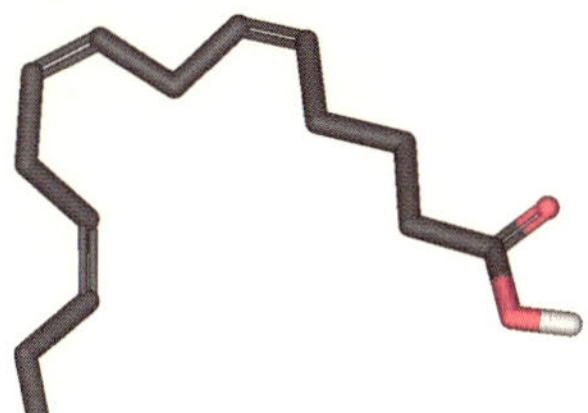

図5.8　プロスタグランジンH_2

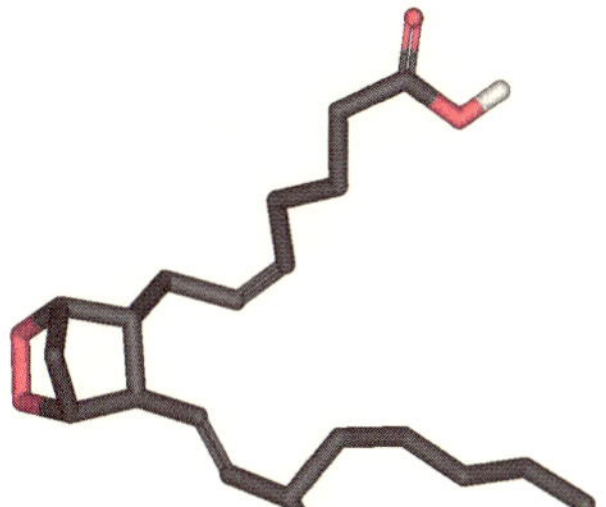

アスピリンの作用は、このCOXに取りついてその働きを止め、プロスタグランジンを作らせなくすることにあります。プロスタグランジン合成の大元をせき止めれば、下流にあるPGE_2もできなくなり、結果として炎症や痛みも鎮まるという理屈です。このメカニズムを解き明かしたベインやベルグストレームらには、1982年のノーベル医学・生理学賞が贈られています。

いまだ見えない全貌

と、こうしてアスピリンの作用メカニズムは一応解明されました。が、アスピリンの作用はこれだけではなく、実のところその謎解きもいまだ終わったわけではありません。

先ほど書いた通り、プロスタグランジンは極めて多彩な生理作用を持ちます。ということはその合成ルートの根本を止めてしまうアスピリンには、単なる痛み止めにとどまらないいろいろな薬理作用があることが期待されます。

その一つが凝血（血が固まること）を抑える作用です。ケガをしたとき血が固まって傷口をふさぐのは人体を守る重要な作用ですが、何かのきっかけによって体内で凝

図5.9　プロスタグランジンE_2

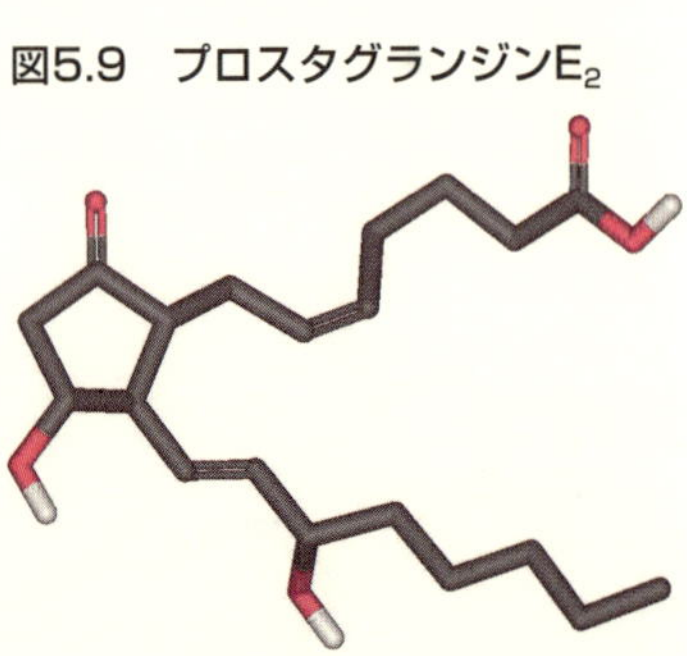

血が起きて血管に詰まると、脳血栓や心筋梗塞など非常に危険な症状の原因になります。

血を固める過程で鍵を握っているのがトロンボキサンという化合物で、体内でPGH_2が変化して作られます（図5・10）。要するにアスピリンを飲めばトロンボキサンもできにくくなり、結果として血が固まりにくくなるという理屈です。体質的に血が固まりやすい人、心筋梗塞の前兆となる症状が現れている人などがアスピリンを飲めば、これら重大な成人病の予防になると考えられています。

この他にもアスピリンは、大腸ガンやアルツハイマー病、骨粗鬆症《こつそしょうしょう》などにも有効なのではないかというデータもあり、その全貌はまだまだ解明されたとはいえそうにありません。こうしたところを見ていると、アスピリンこそ究極の医薬であり、我々は100年以上かかってこれをしのぐ薬をただの一つも作り出せていないのではないか、とさえ思わされるのです。

図5.10　トロンボキサンA_2

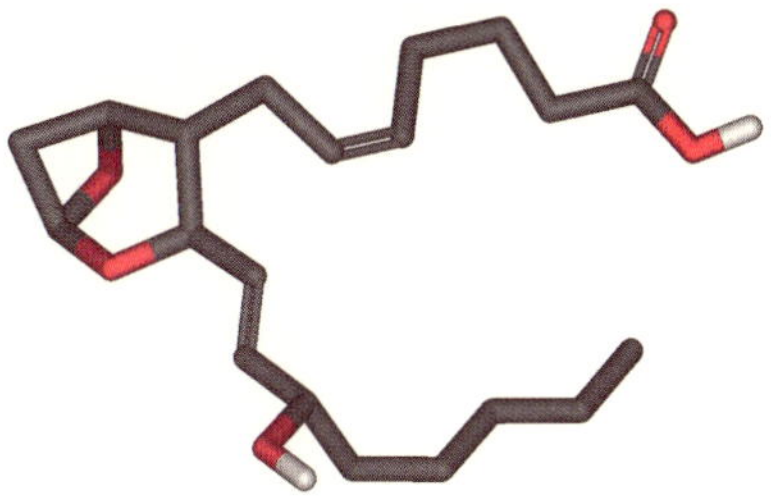

副作用

アスピリンの構造をいろいろと変化させて、もっと優れた薬を作ろうという試みは古くからなされています。こうして生まれた薬は一般にＮＳＡＩＤ（非ステロイド系消炎鎮痛剤）と総称され、アスピリンと同じくＣＯＸの働きを止めることでその効果を発揮します。**イブプロフェン・インドメタシン**などはよく市販薬にも配合されていますので、ＣＭなどでその名をご存じの方も多いと思います（図５・11、12）。

アスピリンを含めたこれらＮＳＡＩＤの副作用として最も問題になるのは、前述した通り胃腸障害です。現在ではこれは、胃壁保護作用のあるプロスタグランジンの生産が止まるためであると考えられています。アスピリンがＰＧ合成の根幹を止めてしまう以上、善玉ＰＧも悪玉ＰＧもできなくなるのは残念ながら避けられません。これに限らず、薬の作用には多かれ少なかれこのような「諸刃の剣」的要素がつきまといます。

アスピリンなどの消炎鎮痛剤による胃腸障害により、アメリカでは年間５〜10万人が入院し、２０００人以上が死亡するというデータもあります。これはなんとあらゆる薬の副作用被害の、４分の１以上に相当します（注１）。

図5.11　イブプロフェン

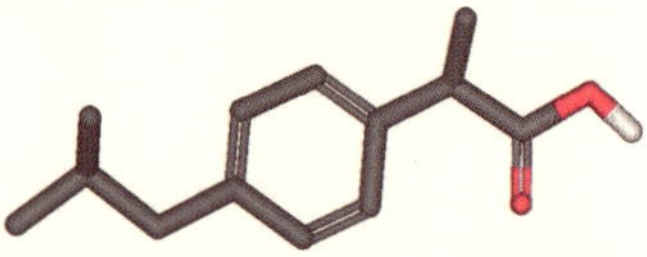

図5.12　インドメタシン

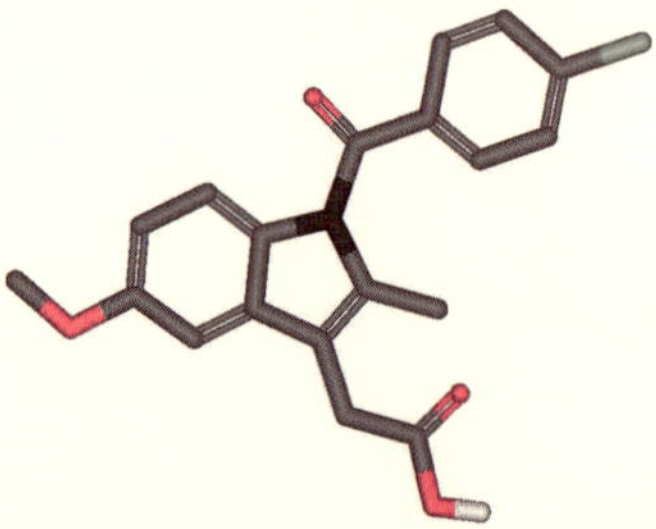

（注1）これはアメリカ人が「アスピリン信仰」といわれるほどにアスピリンが好きで、日本人には考えられないほどのペースで服用することによるところが大きい。注意書きに書いてある通りの飲み方をしている分には、まず心配はいらない。

スーパーアスピリンの誕生

このアスピリンの胃腸管障害という副作用を取り除くことができれば、それは夢の抗炎症剤となるはずです。様々な研究が行われた結果、COXには2種類があることがわかってきました。どちらもPGを合成するという機能は同じなのですが、COX-1は常に消化管・腎臓などにあってその機能を保つ働きをしており、COX-2の方は臨時に作り出され、炎症の過程に関与しています。アスピリンやイブプロフェンはCOX-1・2を両方とも止めてしまうため副作用が生じますが、COX-1にはさわらずにCOX-2だけを止める薬を作り出せれば、理屈の上では副作用の少ない「スーパーアスピリン」になるはずです。

この「COX-2選択的阻害剤」の研究は90年代の製薬業界の一大トピックとなり、各社が莫大な資金を投じて激しい競争が行われました。この中から登場（注2）した「**セレコキシブ**」「**ロフェコキシブ**」などのCOX-2阻害剤は、もくろみ通り消化管障害を半減させつつ、強い抗炎症作用を示します（図5・13、14）。これらはいずれも最盛期に年

図5.13　セレコキシブ

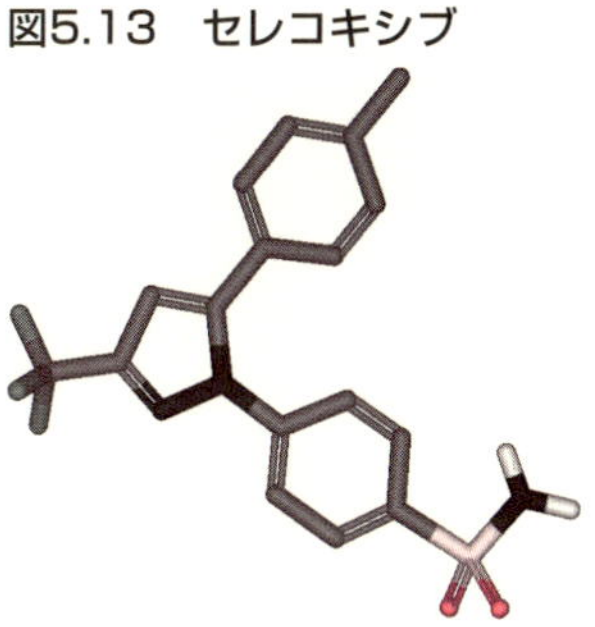

図5.14　ロフェコキシブ

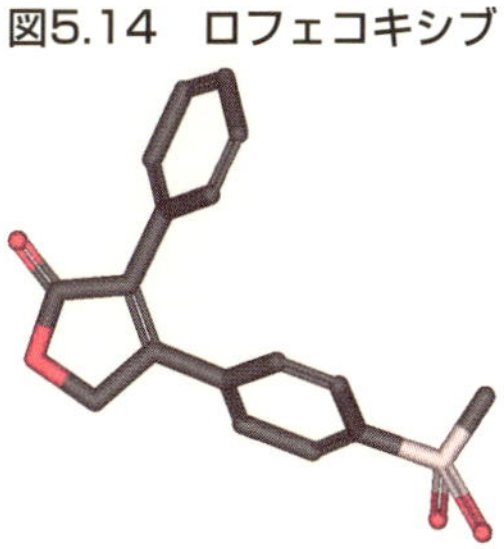

（注2）ロフェコキシブは日本では未発売。

間3000億円以上を売り上げる超大型商品となり、「胃に優しいスーパーアスピリン」の地位は確立されたかに見えました。ところがしばらくしてこれらCOX-2阻害剤に、思わぬ新たな副作用の問題が浮上したのです。

思わぬ副作用

先ほど述べた通り、アスピリンには抗炎症作用の他に、大腸ガンやアルツハイマー病を予防する効果がありそうなのですが、胃腸への副作用も心配されます。となれば胃腸へ負担をかけないCOX-2阻害剤ならば、安心して長期服用が可能なのではないか——という考えの下、「ロフェコキシブ」を擁するメルク社は臨床試験を開始したのです。ところがなんということかこの過程で、服用者が心筋梗塞などの重い心疾患を起こす確率が2倍に高まってしまうことが発覚したのです。様々な工夫をして副作用の胃痛を除いたつもりが、結果的に重大な別の副作用を呼んでしまっていたのでした。

これを受けてメルクは2004年9月、ロフェコキシブを自主的に市場から回収することを決定します。この発表によって同社の株価は暴落し、一夜にして3・2兆円という巨額の時価総額が消し飛びました。この一件は米国社会に大きな衝撃を与え、メルク社および全製薬業界に与えたダメージは計り知れないものでした。

ではこうした副作用は予期できないものなのか？　実際のところ、現代の科学では完全な予測は不可能です。同じＣＯＸ－２阻害剤でもセレコキシブにはこうした危険は低そうだという結果が出つつありますし、アスピリンは逆に心筋梗塞を防ぐ作用があるとされます。なぜこのような一見矛盾した結果が出るのか、このあたりは人体という複雑なシステムの微妙なバランスによるものなので、方程式を解くような単純な結論はとうてい導き出せないのです。もちろん真相に迫るべく様々な努力が行われていますが、結局動物実験や試験管内の実験では完全なところはわからず、まして原因を突き止めて副作用だけを切り離すのは至難の業です。

医薬のジレンマ

もちろん医薬は人命に直接関わるものですから、「当時はわからなかったので仕方ない」では済まされるはずもありません。いくつかの薬害事件を経て、新薬の認可基準は大幅に厳しくなっています。実際、近年では一年間に認可される新薬は、世界中で15～20品目に過ぎません。今や新薬を世に送り出すのは、ノーベル賞並みの難事になっているのです。

実のところ、アスピリンやイブプロフェンにも胃痛という副作用があるため、これらは今の基準では認可されないという話もあります。その他30年くらい前から使われている古い薬には、今であればまず審査を通らないものがいくつもあると言われます。現代の安全基準はそこまで厳しくなっているということでもあるのですが、裏を返せば使い方次第で大勢の患者を救える有望な薬が、審査を通過できずに埋もれている可能性も大いにあるのです。例えば、もう子供を作ることのない老年性認知症患者のための薬であっても、催奇性があれば医薬として認可されないか、大きな制限を受けることになります。医薬の作用と副作用が表裏一体の関係である以上、こうしたジレンマはある意味で永遠の課題であるのかもしれません。

医薬品の作用と副作用をめぐる問題で、最も有名で最も複雑なケースが、睡眠薬サリドマイドのケースです。こちらは次項で取り上げましょう。

5-3 サリドマイド復活の日

史上最大の薬害

「薬害」という言葉を多く耳にするようになりました。本来人間の健康を守るはずの薬が、逆に健康を損ない、あるいは死に至らしめる。あってはならないことですが、歴史上幾度も薬害事件は繰り返されています。本項で述べる**サリドマイド**は、その中でも最も大きな悲劇を引き起こしたことで知られる有名な薬です(図5・15)。

サリドマイドは１９５７年、痛み止めあるいは鎮静剤としてドイツのグリュネンタール社で開発された薬剤です。もともとこの化合物は、合成実験の際に用いる試薬の副産物として、偶然にできたものでした。サリドマイドは、現代から見れば信じがたいほど簡素な――ありていに言えばお粗末な――臨床試験にかけられ、非常に低い毒性と、優れた鎮静作用を持つことが明らかになりました。同社ではこの新薬を、害のない安全な睡眠薬であると大きく宣伝し、つわりの時期に安眠ができない女性にも大量に処方されたのです。

図5.15　サリドマイド

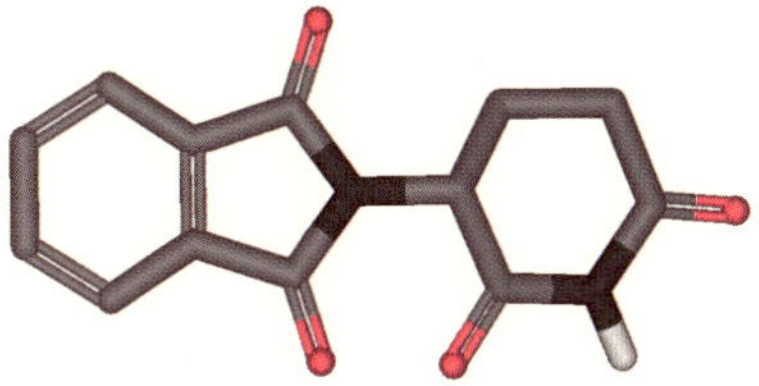

事態が急変したのは1961年のことでした。西ドイツの小児科医レンツ博士が、手足の短い重度の奇形児が多数産まれていることを発見し、これがサリドマイドのせいであることを突き止めたのです。当時はこのような世代を超えた副作用がありうるという認識が薄く、また各社から同じサリドマイドを主成分とした違う名称の医薬が多数発売されていたため混乱が起こり、回収が遅れたことも被害拡大の要因になったといわれます。サリドマイドの薬害は全世界に及び、死産も含めると約5800例（一説には1万人以上とも）、日本でも309例の被害者が発生する事態となりました。

サリドマイドの害は「**光学異性体**」の引き起こしたものといわれます。サリドマイドの分子には「**右手型**」と「**左手型**」の2種類があり（専門的には**R体**と**S体**という呼び方をします）、両者は鏡に映すとぴったり重なり合いますが、生体にとってはこの2つは全くの別物なのです。サリドマイドのうちR体は鎮静・催眠作用を持っていましたが、S体の方が思いもかけぬ催奇作用を持っていたのです。当時はこういった危険が知られていなかったため、両者の混合物（**ラセミ体**）を販売してしまったのが悲劇の元になりました（注3）。

このサリドマイド事件がきっかけになり、新薬の審査基準に、妊婦が飲んだ場合胎児への影響がないか確認すること、またラセミ体の薬の場合はR・S両方の性質をき

（注3）なおその後の研究でサリドマイドは体内に入ると、R体とS体がかなり簡単に入れ替わってしまうことが明らかになっており、このため例えR体だけを分離して飲んだとしても、危険は完全には避けられない。またこうしたことから、単純にR体が薬でS体が毒であるという当初の報告を疑問視する声も挙がっている。

ちんと調べることなどが義務づけられるようになりました。人類は貴重な教訓を得ましたが、そのために支払った代償はあまりにも大きなものでした。

シェスキンの奇跡

こうしてサリドマイドは「悪魔の薬」という世界中の非難を浴びて表舞台から消えたのですが、1964年に驚くべき発見がありました。イスラエルの医師ヤコブ・シェスキンが、ハンセン病の痛苦で衰弱しきった患者に、最後の手段としてサリドマイドを投与したのです。と、患者を苦しめた激痛はたちまち消え去り、皮膚のただれにも劇的な改善が見られたのです。この発見はたちまち世界中に伝わり、多くの患者を死の淵から救い出しました。この発見により全世界のハンセン病治療院の9割が必要なくなって閉鎖されたといいますから、その効用の素晴らしさがわかるでしょう。

とはいえサリドマイドはごく一部の例外を除いて製造は禁止されていたため、全ての患者にはとうてい行き渡りません。このため無許可で合成されたサリドマイドが闇で出回り、高値で取引されるという新たな問題が発生しました。管理もなしに危険なサリドマイドが流通する危険を防ぐため、1998年、ついにアメリカ政府は重い腰を上げ、サリドマイドをハンセン病治療薬として承認したのです。一度消えた医薬が

●**ハンセン病**
らい菌の感染によって発病する感染症。皮膚症状・知覚障害・運動障害などを症状とし、神経痛を伴うことも多い。現在の日本ではほとんど発症例はない。

再承認されるのは極めて異例であり、まして「悪魔の薬」という指弾を受けたサリドマイドの復活は様々な議論を巻き起こしました。このためこれを服用する患者は複数の避妊法を学び、錠剤が余っても人に分け与えたりせずきちんと回収することなどが厳しく義務づけられています。

リウマチ、エイズ、ガンも

その他にもサリドマイドはいろいろな病気に有効であることがわかり始め、各方面で研究が進んでいます。自分の免疫が自分の体を攻撃してしまう「自己免疫疾患」には難病が多いのですが、このうちベーチェット症候群、関節リウマチ、クローン病、全身性エリスマトーデスなどに適用が試みられています。また試験管内での実験ではエイズウイルスの増殖を抑えたというデータもあり、新たな治療薬として注目が集まっています。

胎児に奇形を引き起こさせた性質を逆用して、なんとサリドマイドをガンの治療薬に使おうという研究もなされています。サリドマイドには血管が新しく作られるのを防ぐ作用があります。胎児に腕や脚ができる段階で血管が作られないと、その部分に十分栄養が行き渡らなくなり、手足が成長できなくなります。これが短肢症の原因と考えられているのです。

ガン細胞は急速に細胞分裂するため、盛んに血管を作ってたくさんの養分を引いてこようとします。ここをサリドマイドで叩いて血管新生を防いでやれば、栄養補給ができなくなってガン細胞は増殖できなくなります。いわばガン細胞に対して「兵糧攻め」を行うわけです。ふつうの健康な成人の体内では血管新生はほとんど起こっていないため、サリドマイドはガン細胞の増殖だけを抑える、副作用の少ない抗ガン剤になりえます。アメリカでは2006年に、「多発性骨髄腫」と呼ばれるガンの一種の治療薬として承認がなされました。

こうしたことから国内でも個人輸入によるサリドマイド療法が数多く行われていましたが、当然これはリスク管理の面で非常に問題があります。2006年には日本でも認可申請が行われましたので、今後は アメリカのように厳密な基準の元で治療が行われるようになっていくと思われます。

今後もサリドマイドの研究は進められることでしょうが、危険な薬剤であることには何の変わりもありません。かつての悲劇を二度と起こしてはならない――といいたいところですが、残念ながらすでにブラジルでサリドマイド症の子供が生まれるという事件が起こっています。ブラジルでは文字の読めない貧困層にハンセン氏病が蔓延しており、そのため政府がサリドマイドを製造して無料で患者に配布しています。このパッケージには「妊婦服用禁止」の絵文字が入れられているのですが、これがかえって仇となり、なんとサリドマイドは妊娠中絶薬と誤解されてしまったのです。こうした新たなサリドマイド症児は60年代から発生して、現在もまだ生まれ続けています。

いろいろな病気にサリドマイドの使用が認められていくにつれて、こうした危険はさらに増大するものと考えられます。しかし一方にはサリドマイドを必要とする難病の患者がいるのも事実です。とりあえず限られた病気にのみ、しかも厳重な管理の下で——ということになるでしょうが、ことがことだけに問題は極めて微妙です。

謎解きは続く

しかし単純な構造のこの薬に、これだけの作用（副作用も含めて）があるというのはなんとも驚くべきことです。そして良くも悪くもこれほど強力な医薬であるサリドマイドは、不思議なことにいまだにその作用メカニズムがわかっていません。サリドマイドは肝臓で化学変化（代謝）を受け、真に活性のある化合物になっているようなのですが、何しろできた代謝物は１００種以上にも上るため、どれがどこに作用しているのか解析が極めて難しいのです。

ある意味で、研究者から見ればサリドマイドほど魅力的な薬はありません。徹底的な管理教育からはみ出し者の天才児が生まれないように、現代のシステマティックな創薬研究からはこのような不思議でややこしい薬はどう間違っても発見されようがないからです。実際、現在もサリドマイドの謎は多くの研究者を引きつけており、その体内でのふるまいを解明すべく様々なアプローチが行われています。サリドマイドの作用の全容が明らかになり、その副作用を切り離すことができれば、まさしく夢の医薬が誕生することになるでしょう。医薬研究の巨大な勝利といえるその日が、一日も早くやって来ることを願ってやみません。

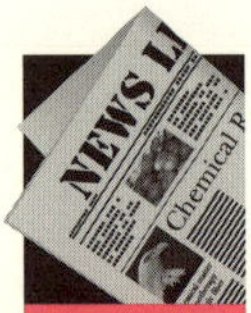

5-4 抗生物質の危機

フレミングの神話

ペニシリンをはじめとする抗生物質は、今やそこらの病院へ行けば、数百円で処方してくれるごくありふれた薬となりました。様々な病原菌をたった一服できれいに撃滅してくれる抗生物質は人類にとって大変に頼れる武器であり、20世紀最大の発見の一つに数えられるのも無理はありません。しかし現在、その抗生物質に思いもかけなかった危機が迫っています。

1928年、イギリスのセントメリー病院に勤務していた細菌学者フレミングは、病原菌の一種であるブドウ球菌の培養実験を行っていました。ある日彼は、培養シャーレの中に一カ所だけ菌が成育していない場所があることに気づきました。調べてみるとそこには、実験中偶然まぎれこんだアオカビが生えていたのです。これはアオカビが、ブドウ球菌を殺す何らかの成分を作っているためではないか、とフレミングは直感しました。これこそが後に「**フレミングの神話**」とまで呼ばれた奇跡の始まりでした。

1940年、化学者フローリーは努力の末、この成分を純粋に取りだすことに成功します。ペニシリンと名付けられたこの成分は、ブドウ球菌などの細菌をきれいに殺してしまうのに、人間など高等生物にはほとんど害がないという素晴らしいものでした（これまでにもサルファ剤など化学療法は行われていたのですが、毒性・有効性などに不満があったのです）。ペニシリンはさっそく大量生産され、第二次世界大戦の戦場で多くの兵士の命を救うことになりました。終戦後の1950-60年代にかけて人類の平均寿命は急上昇していますが、ここにペニシリンの力が大きく寄与していることは間違いないでしょう（図5・16）。

なぜペニシリンは動物には害がなく、細菌だけを殺すのか？　手品の種は、分子中央部の四角形の部分（**β-ラクタム**といいます）にあります。細菌の細胞は、堅い網目状の分子でできた「細胞壁」というもので覆われており、これのおかげで形を保っています。ペニシリンのβ-ラクタムは反応性が高いため、細菌の細胞壁を作る酵素と反応してとりつき、その働きを止めてしまうのです。こうなると細菌は細胞壁を作れなくなり、破裂して死んでしまいます。動物の細胞はこの細胞壁を持たないため、ペニシリンは人体には無害だというわけです（ごくまれに「ペニシリンショック」と呼

図5.16　ペニシリンG

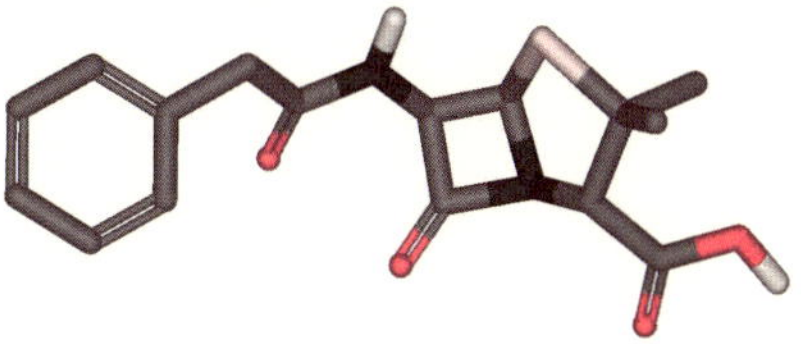

ばれるアレルギー反応を起こす人がいますが、これはまた別のレベルの話です）。

　ペニシリンは、アオカビが周囲の細菌から自分の身を守るために作っていると考えられます。ということは、他の菌類にもこうした物質を作っているものがいるのではないか？　予想は当たり、他の菌からも様々な抗生物質が発見されました。またキノロン系抗菌剤など、完全に人間が化学合成した化合物からも有用な物質が見つかっています（図5・17〜20）。

　これらは効能も作用機序も、また構造も様々でしたが、次々に発見されるこれらの物質によって感染症の治療は革命的に変わっていきました。こうして長い間人類を苦しめてきた結核、ペスト、チフス、赤痢、コレラなどの伝染病の脅威は、永遠に我々から去っていった――かに見えました。が、細菌という敵はそれほど生やさしい相手ではなかったのです。ターニング

図5.17　エリスロマイシン

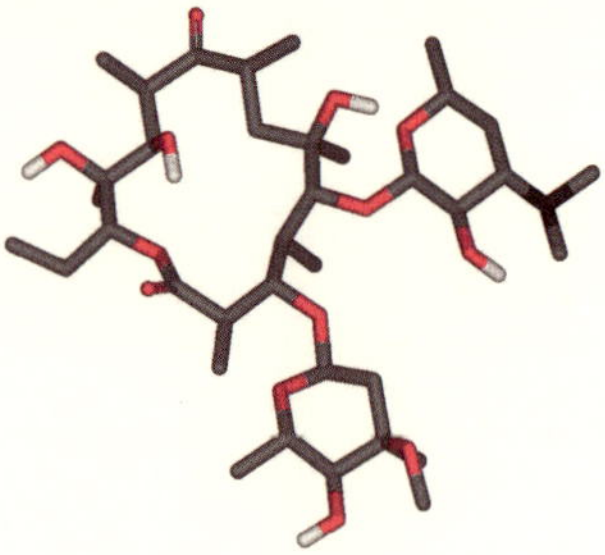

図5.18　セファロスポリンC

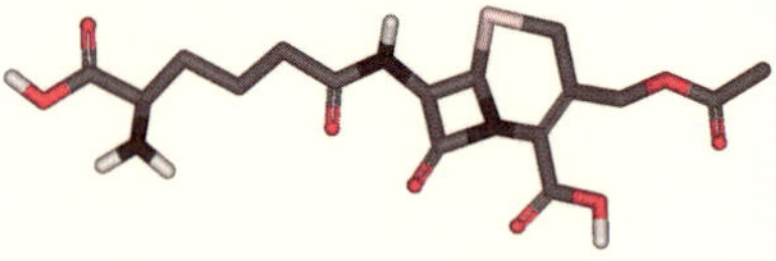

図5.19　テトラサイクリン

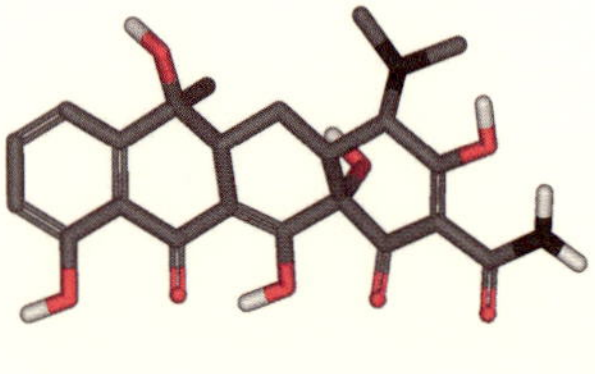

図5.20　シプロ
（キノロン系抗菌剤の一種）

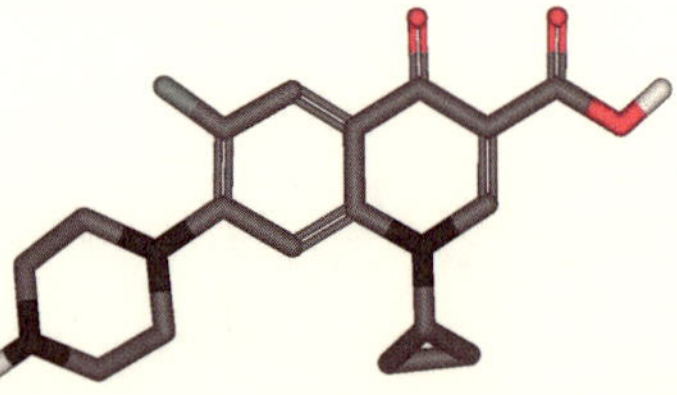

ポイントとなったのは、抗菌剤が効かない細菌、すなわち耐性菌の出現でした。抗生物質という「魔法の弾丸」を手にした人類に、攻め込まれる一方だった細菌の「逆襲」がついに開始されたのです。

耐性菌の登場

ペニシリン以前から用いられていた化学療法剤として、**サルファ剤**があります（図5・21）。このサルファ剤は終戦直後の日本で赤痢が流行した際、有効な治療薬としてあちこちで多用されました。ところがしばらくしてサルファ剤の効かない赤痢菌が出現し始め、1950年頃にはもはや赤痢菌の80パーセントがサルファ剤耐性菌となってしまったのです。他の病原菌でも事態は同様で、現在では医療の現場でサルファ剤が使われることはほとんどありません。

この赤痢の流行はストレプトマイシン、クロラムフェニコール、テトラサイクリンといった新しい抗生物質の投入によってほぼ食い止められ、赤痢による死亡率は大幅に低下しました。ところが1957年頃から赤痢菌はこれらの薬剤に対しても耐性を獲得し始め、後に導入されたアンピシリン（ペニシリンを改良したもの）やカナマイシンさえ効かない、六剤耐性菌というものまでが出現したのです。その後赤痢だけで

図5.21　サルファ剤の一つ、スルファニルアミド

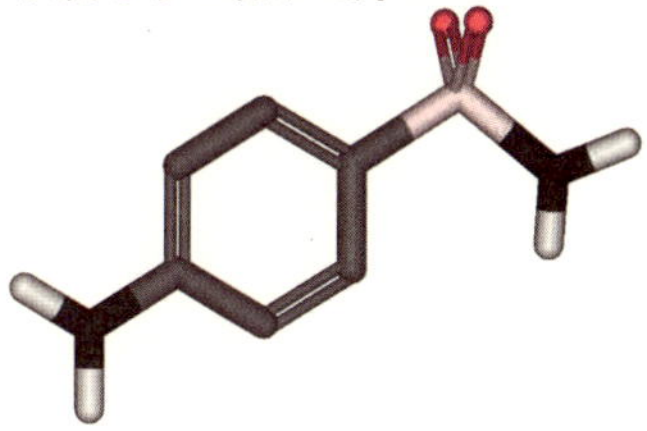

なく、腸チフスや淋病、化膿菌などあらゆる菌に次々と耐性菌が現れ、抗生物質の地位は揺らぎ始めました。

しかし実際のところ「耐性」の正体は何なのでしょうか？　例えばペニシリン耐性菌を調べてみたところ、彼らは「**β-ラクタマーゼ**」という酵素を作っていることがわかりました。前項で、ペニシリンの活性の元はβ-ラクタムという4員環部分にあるといいましたが、β-ラクタマーゼはこのβ-ラクタムを破壊し、無効にしてしまうのです。この他の抗生物質に対しても、細菌はこれを化学変換したり、自分自身の構造を変えたりして対抗していることがわかっています。

多剤耐性菌の出現メカニズムについても驚くべきことがわかりました。耐性菌は一剤ずつ順番に耐性を獲得するのではなく、一挙に多剤耐性となるための遺伝子を種の壁を超えてお互いにやりとりし、耐性を広げていたのです。たとえば四剤耐性大腸菌と普通の赤痢菌を混ぜておくと、やがて耐性遺伝子が受け渡され、赤痢菌は一挙に四剤への耐性を獲得します。抗生物質という多数の「魔法の弾丸」を手に入れて勝ち誇っていた人類に対し、細菌たちは弾丸の種類だけ「防弾チョッキ」を用意し、さらにそれを量産して友軍に横流しすることまでしていたのでした。こうした耐性の広がりにより、黄色ブドウ球菌では98パーセント、肺炎球菌でも37パーセントがペニシリンに耐性になってしまっているといいます。

人類の側も決して手をこまねいているわけではなく、次々に新しい抗生物質を開発しては戦線に投入し、懸命の戦いを続けています。しかし新たな抗生物質を開発しても耐性菌は出現し、そのいたちごっこには限りがありません。皮肉なことに、こうした抗生物質の乱用こそが耐性菌の蔓延の原因となっているとも言われています。抗生物質が使用されるたびにほとんどの細菌は死滅しますが、耐性を持ったものだけが生き残り、増殖してしまうからです。家畜の飼料に混ぜて用いられたり、細菌性でない病気に対しても「念のため」に投与されたりと抗生物質は安易に使用されており、一説には、現在使用されている抗生物質の半分から3分の1は実際には不必要なものであるとも言われています。実は我々自身こそが「弱い菌を滅ぼし、強い菌をいっそう鍛えている」のにほかなりません。

最終防衛ライン、突破さる

こうした耐性菌の中で、現在最も問題になっているのが、「メチシリン耐性ブドウ球菌」（ＭＲＳＡ）です。メチシリンはβ-ラクタマーゼによって分解されにくい、耐性菌に強い抗生物質として登場しましたが、これさえも効かないブドウ球菌が**MRSA**

です。ＭＲＳＡは抗生物質が多用される大病院などで多く発生し、「院内感染」として大きな問題になっています。

現在、ＭＲＳＡに対して安心して使える抗生物質は**バンコマイシン**のみです。バンコマイシンは図５・22に示すような複雑な化合物で、１９５６年の登場以来40年以上も耐性菌が出現せず、人間側の「最後の切り札」としての地位を守り続けてきました。しかしこの最後の壁も、ついに崩れる時がやってきました。１９９７年、ついにバンコマイシン耐性腸球菌（ＶＲＥ）の出現が報告されたのです。これが蔓延し始めると、もはや人類側には自信をもって使えるカードはありません。「鉄のゴールキーパー」と思われていたバンコマイシン敗退のニュースは、世界の医学界に大きな衝撃を与えました。さらに２００２年には、ついに病原性の高いバンコマイシン耐性ブドウ球菌ＶＲＳＡが登場しました。これは耐性遺伝子が、ＶＲＥからブドウ球菌へと受け渡されたものと考えられています。

幸いバンコマイシン耐性菌による感染症は、今のところ臨床の現場でさほど大きな問題にはなっていません。ただし人為的

図5.22　バンコマイシン

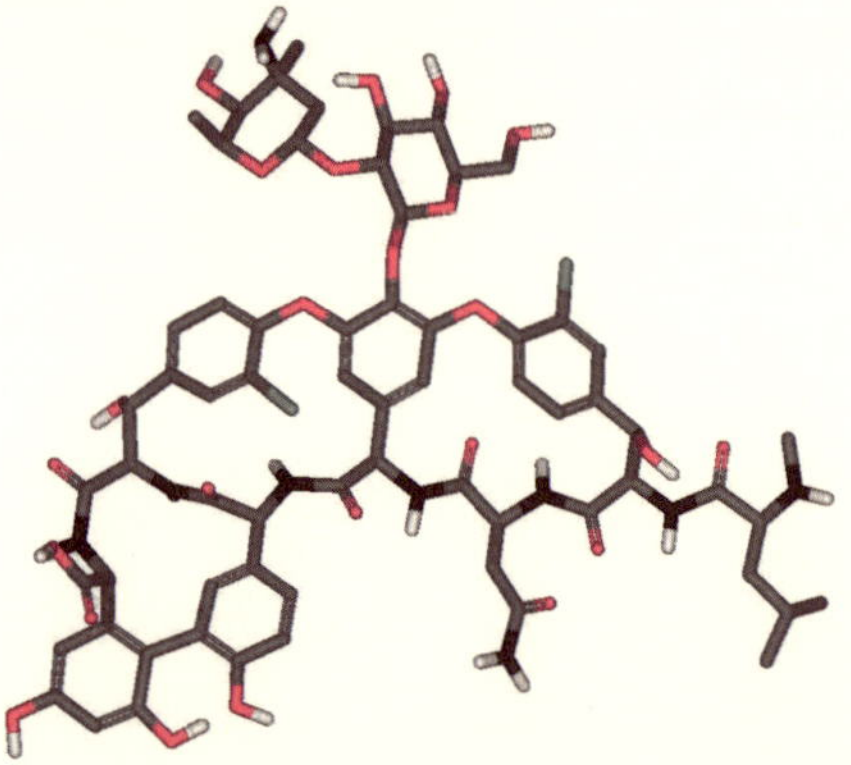

な遺伝子操作によって、こうした耐性を他の菌に組み込むことは原理的には可能です。もし悪意ある者が、遺伝子操作で炭疽菌やペスト菌を「強化」し、それをテロに用いてきたらどうなるか……。考えるだけで背筋が寒くなってくるのは、おそらく筆者だけではないことでしょう。

現在希望の星となっているのは、2000年春に登場した**リネゾリド**という薬剤です（図5・23）。これは完全に人工合成の化合物で、今まで知られている抗生物質とは全く違った機構によって細菌の増殖を抑えます。こうした完全に新規な抗生物質の登場は35年ぶりのことで、それだけに細菌にとっては「未知の敵」の出現であるわけです。

期待の新星であるリネゾリドですが、なんということか使用開始から半年ほどで早くも耐性菌が出現してしまっています。実際にリネゾリド耐性菌が臨床の現場で問題になってくるのはまだまだ先のことと思われますが、「切り札」として使える期間を少しでも長くする工夫が必要です。こうした観点から日本では厚生労働省の指示により、リネゾリドの使用はVRE・MRSA感染症のみに許可されています（アメリカでは有効な細菌すべてに使用可）。これは、耐性菌の出現を遅らせるためには極めて賢明な措置であると思います。せっかくの新兵器も、不必要に見せびらかしていたのでは敵に「研究」されて、弱点を突かれる時期を早めるだけでしょう。

図5.23　リネゾリド

抗生物質の歴史を概観してきました。どのような抗生物質といえども耐性菌が出現しないということはありえず、放置すれば「どんな薬剤も効かない、治療のしようが全くない感染症」がいつか必ず出現します。今のところできるのは、なんとか工夫して「その日」がやってくるのを一日でも先延ばしにすることだけです。

製薬会社にとっては、抗生物質は薬価が安く認可もされにくい上、すぐに耐性菌が出現してくるので、研究費を注ぎ込んでも「割りに合いにくい」薬です。2006年には新しいメカニズムの抗生物質「**プラテンシマイシン**」(図5・24)が発見されて大きな注目を集めていますが、これが臨床の現場に登場するまでにはまだ様々な関門をくぐらねばならず、その道のりは決して平坦ではありません。

病気のない世界は人類が地球上に出現して以来の夢でした。抗生物質という魔法の薬の出現によりそれはいったん実現したかに見えましたが、その魔法が解ける時は間近に迫っています。人類と病気との宿命の戦いはこれからもまだまだ続き、残念ながらそれは終わりの見えない戦いであるようです。

図5.24　プラテンシマイシン

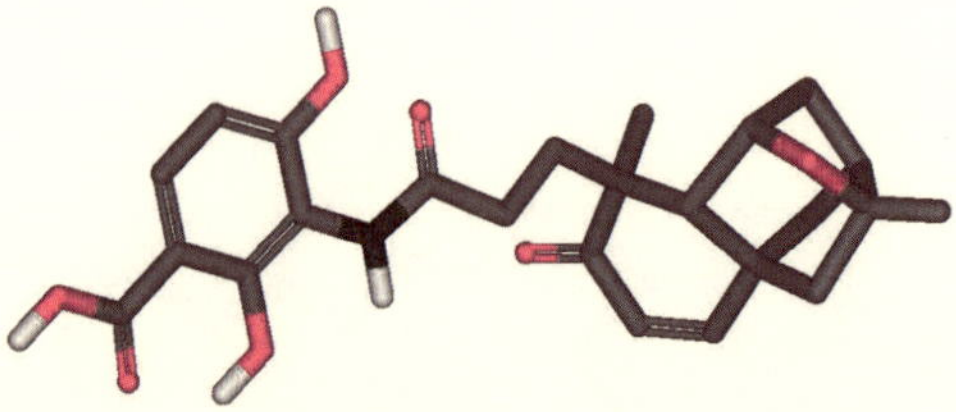

5-5 タミフル騒動の虚実

「悪魔の薬」のレッテル

最近医薬の話題で最もマスコミを賑わせたのは、インフルエンザ治療薬「**タミフル**」（化合物名**リン酸オセルタミビル**）でしょう（図5・25）。タミフルを服用した10代の患者に窓からの飛び降りなどの異常行動が相次ぎ、うち十数名が亡くなったというものです。発売元の製薬会社や厚生労働省はニュースや週刊誌で集中砲火を浴び、「悪魔の薬」「薬害エイズ事件の再来」といった過激な論調の記事も少なくありませんでした。

中でもタミフル批判の急先鋒となっていたのは、降圧剤やコレステロール低下剤など各種医薬を糾弾する本を多数出版している医師のH氏で、テレビやラジオなどに何度も出演してタミフルの害を述べ、「医薬としての承認を取り消すべし」――つまり、タミフルを医薬として抹殺すべきであると強硬な論陣を張っていました。出演番組などではおおむね彼の主張を好

図5.25　タミフル

意的に取り上げ、タミフルの危険性を強調する報道がほとんどであったようです。

ところが驚かれるかもしれませんが、筆者がこの問題について話を聞いた、薬について専門知識を持つ人々——臨床医・薬剤師・医薬研究者など——の多くは、今後もインフルエンザの治療にタミフルが使用されることを支持しており、マスコミの報道は行き過ぎで問題があると感じているのです。にも関わらずマスコミの論調はタミフル攻撃一辺倒で、これらの意見が電波や活字に乗ったことはほとんどありませんでした。

何しろ多くの方が亡くなっていることでもあり、この問題について語るのは極めて微妙です。特に最愛のわが子を亡くした親御さんに対しては、何ともお気の毒としかいいようがありません。しかし単純にタミフルのみを悪役として扱い、まして葬り去ろうとする動きに対しては「ちょっと待ってくれよ」といいたくなるのです。現状のデータを見て、筆者が正しいと信ずる判断は以下のようなものです。

❶ いわゆる異常行動はインフルエンザの症状としても起こることであり、タミフルのせいであるかどうか判別は今のところ難しい。

❷ タミフルは脳に入り込みにくい薬剤であり、直接脳に影響を与えることは考えにく

い。

❸たとえ異常行動が全てタミフルのせいであったとしても、タミフルによって失われる生命より救われる生命の方が遙かに多い。新型インフルエンザの死亡率は60パーセント、通常のインフルエンザで死ぬ率は数千分の1、タミフルを飲んで転落死する確率は200万分の1である。

詳細を以下に順を追って述べますので、なるべく先入観を捨てて読んでいただきたく思います。

新型インフルエンザの脅威

タミフルがまず脚光を浴びたのは、**新型インフルエンザ**に関する話題からです。現在東南アジア付近を中心に発生している強毒性の鳥インフルエンザウイルスが近い将来変異を起こし、ヒトからヒトへの感染能を獲得してしまうのではないかと恐れられているのです。現在は鳥からヒト、あるいは他の動物を経由したと見られるルートでの感染が確認されており、すでに東南アジアを中心に世界14カ国で381人の患者が発生し、うち240名が亡くなっています（2008年4月現在）。ヒトからヒトへの感染と疑われるケースもすでに発生しており、いつアウトブレイクが起こってもおかしくないと思える危険な状況です。

1918年から1919年にかけて流行したインフルエンザ（通称スペイン風邪）は当時の世界人口8～12億人の50パーセント以上が感染し、5000万人もの人が犠牲になったと推定されています。再びこうした状況が発生した場合、飛行機など交通手段の発達した現在ではものの4～5日でウイルスは世界に伝播すると考えられ、一地域にとどまらない全世界的な対応が必要とされます。

いつ流行が起こるか、どの程度の危険性になるかは予測不可能です。厚労省では日本国内での死亡率を2パーセントとし、感染者は2500万人、犠牲者は最大で64万人と見積もっていますが、致死率はもっと高くなると考える専門家もいます。かなり控えめに見ても関東大震災の数倍、自分の直接の知り合いが何人か亡くなる程度の被害は想定されます。もちろんライフラインの寸断など生活にも大きな影響が予想され、経済的損失は世界で500兆円を超えるという試算もなされています。新型インフルエンザは、現在人類が直面する最も大きなリスクといっても過言ではありません。

インフルエンザ対応策の基本はワクチン療法ですが、これはウイルスが出現してからでないと作成できず、また供給に半年ほどの時間を必要とします。その間のつなぎとして期待されているのが、抗ウイルス剤「タミフル」であるわけです。タミフルはウイルスが持つ「ノイラミニダーゼ」という酵素の働きを抑え、その増殖を抑制する薬です。十分な量のタミフルを確保することができれば、新型インフルエンザによる死者・入院患者は3分の1に減らせるという予測もあり、現在最も効果が期待できる薬剤と考えられています。このため現在世界各国がタミフルの備蓄を進めており、日本でも2500万人分を確保する計画となっています。

そのタミフルに副作用の問題が浮上してきたのは、2005年11月のことでした。インフルエンザ患者の少年がタミフル服用後に自らトラックに飛び込むなどの異常行動を起こし、2名が死亡したというものです。その後10代の患者を中心に異常行動などの報告例が増え続け、マスコミの報道もそれに合わせてヒートアップしていきました。厚生労働省ではしばらく「タミフルとの因果関係の特定は困難」としてきましたが、世論の高まりを受けて2007年3月に「因果関係は不明であるものの、10代の患者へのタミフル使用を差し控えるよう」通告する事態になりました。

こうして使用制限がなされるまでの間に、タミフル服用後に異常行動（ベッド上で飛び上がった程度のものまで含めて）を起こした人数は211名で、その8割が10代でした。うち十数名が、窓からの転落などによって亡くなっています。

異常行動の原因

これだけの「被害」が出ていて、なぜタミフル擁護の論を述べようとしているのか？まず第一に、こうした異常行動はインフルエンザ単独の症状としてもまれに起こることが以前から知られていました。つまり異常行動はタミフルのせいなのか、インフルエンザそのもののせいなのか、区別をつけるのは非常に難しいのです。実際三重県のある病院では、異常行動を起こしたインフルエンザ患者が一冬に14人入院しましたが、うち6例は薬の投与前に異常行動が起こっていたということです。また扁桃腺炎で高熱を出した小児が異常行動を起こした（もちろんタミフルは不服用）ケースなどもあり、こうした症状はいわゆる「熱に浮かされた」状態としてまれに起こりうることなのです。

第二に、タミフルは非常に脳に入り込みにくい薬である点が挙げられます。摂取した薬剤は血液に乗って全身に運ばれますが、脳と血管の間には「血液脳関門」と呼ばれる仕組みがあり、タミフルのような極性の高い分子を通さないようになっているのです。というより、タミフルは脳に侵入して余分な作用を及ぼすことがないよう、血液脳関門を通らないような構造に設計されているという方が正確なところです。実際、血

2006年7月にタミフルを飲んだ後で転落死した少年の遺体を解剖した結果、血液中には十分な量のタミフルが存在したのに、脳からは全く検出されませんでした（注4）。また、脳内の主要なタンパク質155種についてタミフルと相互作用するものがあるかどうか試験が行われていますが、強く結合して影響を与えるものは見つかっていません。

こうしたことを考え合わせると、少なくともタミフルが脳に入り込んで、直接何らかの作用を及ぼしている可能性は高くないと見られます。もちろん、タミフルの刺激によって何らかの体内物質が作られ、これが脳に影響を及ぼすといった間接的な作用の可能性は完全には否定できません。

タミフルのリスクと利益

そして何より重要なのは、もし報道されたような異常行動が全てタミフルのせいであったとしても、十分な注意を払って使う限りその利益はリスクを補って余りあると考えられる点です。

まずリスクの方ですが、これまでタミフルの服用者はのべ3500万〜4500万人ほどと見られています。一方異常行動の報告は200件前後、転落死者は20人弱で

（注4）タミフルはエチルエステルという原子団を分子内に持っており、このエチル基が体内の酵素の作用で切断されて、抗ウイルス作用を持つ活性本体が発生するようになっている。少年の脳内からは、タミフルそのものも、活性本体も検出されていない。

すから、異常行動を起こす確率は大ざっぱに20万分の1、転落死する確率が200万分の1程度ということになります（多くの場合、マスコミの報道では「分子」の数だけが語られて、「分母」がこれだけ巨大な数字であることが見落とされています）。この200万分の1という確率は、交通事故で死ぬ確率1万分の1、航空機事故で死ぬ確率50万分の1よりも十分に小さい数字です。そして航空機事故はいくら気をつけていても避けようがありませんが、異常行動による転落死は周囲で気をつけていればかなりの割合で防げるリスクです。

しかしいくらリスクが小さくても、利益がそれを上回らなくては何もなりません。そして各種データを見る限り、タミフルによるインフルエンザ治療は十分有効であると考えられるのです。

先のH医師は、「インフルエンザもかぜも、暖かくして安静にしていれば自然に治まる病気」「タミフルはインフルエンザの症状が消えるのが平均1日早くなる程度」と述べていますが、これはとうてい正しい認識とは言えません。一度でもかかったことのある方ならご存じの通り、インフルエンザは発熱の度合いも期間も風邪とは全く異なり、同列に語ることのできる病気ではありません。流行する型によっても異なりますが、インフルエンザによって亡くなる人は国内だけで年間数千人に上り、併発する肺炎によるものを含めれば死者は1シーズン5万人に及ぶこともあります。

タミフルは、この死者数を大幅に減少させることができるのです。きちんとタミフルを服用することにより、インフルエンザによる死亡率が大幅に低下したという報告が欧米の複数のグループからなされています。すなわちタミフルの承認を取り消すということは、こうした恐ろしい病気であるインフルエンザの有効な治療手段を奪い去ってしまうことなのです。もちろん単純に罹患期間が短くなることで他人に感染させる確率が下がること、患者の身体的、経済的負担が減ることなどの効果も見逃せないでしょう。

ただし、異常行動の発生が10代の患者に集中していることは、確かに気がかりではあります。2007年10月「ある体質の人でタミフルが脳に入る機構が解明された」というニュースがありましたが、確かに年齢・体質・環境など特殊な条件などが重なることによって、タミフルが危険な症状をもたらす可能性は否定できません。何より、実際に多数の人命が失われている事実はいうまでもなく極めて重大です。またインフルエンザそのものによる死亡者は老年層に多く、10代ではかなり稀であるということもあります。こうしたことなどを考え合わせると、「因果関係は不明だが、10代への使用を規制する」という厚生労働省の判断は、あの時点においては妥当であったのではないかと思います。

ただしこれは通常のインフルエンザに関してのことで、遙かに高い危険性が予測される新型インフルエンザに対しては全く話が別です。死亡率は現在のところ63パーセントと、スペイン風邪やSARSの10パーセント程度を大きく超えています。異常行動で転落死を起こすリスクとは、全く比べものにならないほど危険な病気なのです（注5）。

また新型インフルエンザは通常のインフルエンザとは逆に、10代から30代までの若年層の死亡率が高いという特徴があります。こうしたことを考えると、現時点では新型インフルエンザに対しては10代であろうとタミフル服用をためらう理由は何もありません。まして承認取り消しなどは、何十万の命を救えるかもしれない数少ない手段を、自ら放り捨てることに他なりません。

厚労省は、一部の医師が主張したからといって、タミフルの承認を取り消すほど愚かではないと思います。実際、厚労省の調査班は2007年12月、「18歳以下のインフルエンザ患者1万人を対象にした大規模調査の結果、タミフル使用者のほうが非服用者に比べて異常行動は少なかった」という結果を発表しています。しかし厚労省の信用は昨今の薬害肝炎事件などで大いに失墜していますし、昨今のマスコミ挙げての危

（注5）前述のように厚労省の予測死亡率は2%だが、はるかに高い数字になる可能性もある。むろん2%であっても、転落の危険とは比較にならない。

険報道ばかり聞かされていると、新型インフルエンザが流行しても異常行動怖さにタミフルを飲まない人、我が子にタミフルを飲ませない親が出てくる可能性は大いにありそうです。もしそのために被害が拡大するようなことがあれば、安易な刺激や数字だけを求め、危険を煽るだけ煽った大新聞やテレビの大罪というべきでしょう。

2007年11月、『週刊ダイヤモンド』にこんな論説が載りました。「問題は大流行が予測される新型インフルエンザだ。致死率が高い新型インフルエンザにはタミフルやリレンザ（注6）が有効と予測されている。親は子供の異常行動のリスクと死のリスクを天秤にかけて判断を下さねばならないことがあるかもしれない」——。

一流経済誌の記者であっても、「タミフルは危険な薬」という刷り込みが一度なされると、こんな単純な数字の比較もできなくなるのかと悲しくなります。前述の通り、新型インフルエンザの死亡率は60パーセント以上、転落死の確率は200万分の1です。

図5.26　リレンザ

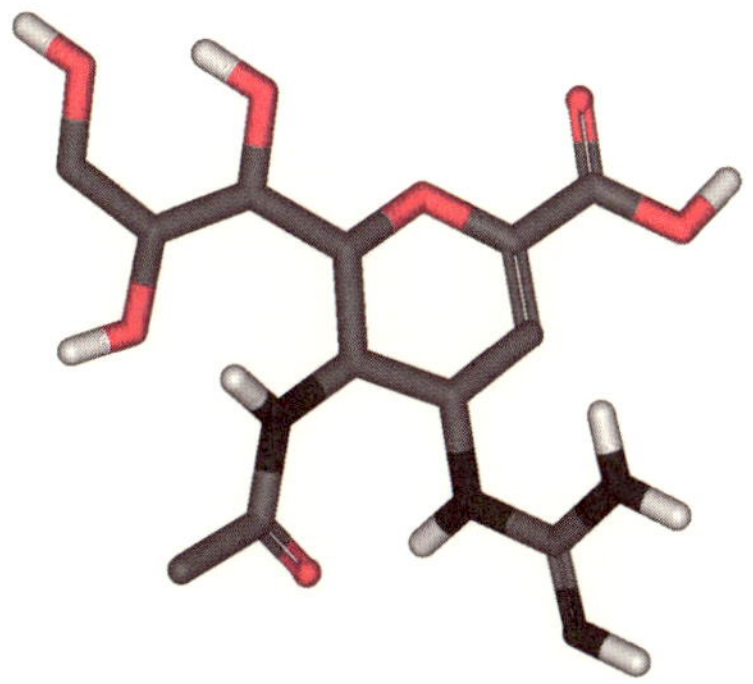

（注7）なお、近年タミフルの効かない変異型インフルエンザが発生しているという情報がある。新型インフルエンザがこの耐性を獲得しないよう、ある程度通常のインフルエンザに対する使用を抑えるべき（高齢者など、高リスクの患者のみに投与するなど）という議論があり、これは検討に価する事柄と考えられる。

（注6）リレンザはタミフルと同じノイラミニダーゼ阻害作用を持つ抗インフルエンザ薬。飲み薬ではなく、吸入によって投与される。こちらにもタミフルと同程度か、やや高い確率で異常行動の発生が観察されている。

タミフルのことばかりになりましたが、新型インフルエンザ対策は感染しないことが第一です。人混みになるべく行かないこと、マスクの着用、消毒薬の準備といった対策の他、食糧の備蓄などの用意も必要になるかもしれません。未曾有の災害となるかもしれないこの病気に対して、世界の人々がしっかりと備えをし、正しい知識を身につけて冷静に行動することを願ってやみません。

COLUMN

ドラッグ・ラグ

海外で用いられている有効な医薬が、日本では使えない――こんなケースが最近よく指摘されるようになりました。日本の医療体制は世界でも有数のものですが、こと医薬の臨床試験に関しては外国に比べて非常に時間がかかります。実際、アメリカなどで認可された新しい薬が日本に入ってくるまで、2年から4年の遅れが出るといわれます。この時間差はドラッグ・ラグと呼ばれ、近年問題になり始めています。

この原因として、医薬の許認可に関わる厚労省の人員が少なく、また臨床試験の手続きが煩雑でコストも高いことが指摘されています。このため日本の製薬会社でさえ、国内よりも先に海外で臨床試験を始めることが多くなっているのです。日本生まれの薬を日本人が使えないというのは大きな矛盾であり、現在厚労省が対策に乗り出しています。

各国の臨床試験のデータを相互に活用し、こうしたドラッグ・ラグを解消しようという動きも進められています。しかし医薬の効き方には人種差があり、「外国人に効いたから日本人も大丈夫」とはいきません。例えば、新しいタイプの抗ガン剤として注目を集めた「イレッサ」は、日本人に対して非常に優れた効き目を示すこともある一方、間質性肺炎という重い副作用を発生するケースがあることがわかり、大きな社会問題となりました。ところが他国での臨床試験では、肺炎の副作用もなかった代わり、延命効果もなかったという結果が出ており、多くの国で承認されていません。

イレッサの体質・人種間での差は何に由来するのか詳しくわかっておらず、今後の研究を待たねばなりません。安全と速度の両立は、今後の医薬品開発の大きな課題の一つです。

◇参考文献

・『環境リスク学』 中西準子著 日本評論社 (2004)
・『逆説・化学物質 あなたの常識に挑戦する』 ジョン・エムズリー著 渡辺正訳 丸善 (1996)
・『化学物質ウラの裏 森を枯らしたのは誰だ』 ジョン・エムズリー著 渡辺正訳 丸善 (1999)
・『からだと化学物質 カフェインのこわさを知ってますか?』 ジョン・エムズリー著 渡辺正訳 丸善 (2001)
・『「化学物質」 恵みと誤解 口紅・ガムからバイアグラまで』 ジョン・エムズリー著 渡辺正訳 丸善 (2005)
・『リスクのモノサシ―安全・安心生活はありうるか』 中谷内一也著 NHKブックス (2006)
・『買ってはいけない』 「週刊金曜日」編集部編 金曜日 (1999)
・『新・買ってはいけない4』 垣田達哉著 金曜日 (2007)
・『「買ってはいけない」は嘘である』 日垣隆著 文藝春秋 (1999)
・『不都合な真実』 アル・ゴア著 枝廣淳子訳 ランダムハウス講談社 (2007)
・『地球温暖化は本当か? 宇宙から眺めたちょっと先の地球予測』 矢沢潔著 技術評論社 (2007)
・『環境問題はなぜウソがまかり通るのか』 武田邦彦著 洋泉社 (2007)
・『環境問題はなぜウソがまかり通るのか2』 武田邦彦著 洋泉社 (2007)

・『〝環境問題のウソ〟のウソ』山本弘著　楽工社（2007）
・『温暖化危機－地球大異変Part2』日経サイエンス編集部編　日本経済新聞出版社（2007）
・『これからの環境論　つくられた危機を超えて』渡辺正著　日本評論社（2005）
・『ダイオキシン－神話の終焉』渡辺正、林俊郎著　日本評論社（2003）
・『地球温暖化／人類滅亡のシナリオは回避できるか』田中優著　扶桑社（2007）
・『メディア・バイアス』松永和紀著　光文社（2007）
・『経皮毒　皮膚からあなたの体は冒されている！』竹内久米司・稲津教久著　日東書院（2007）
・『図解 バイオエタノール最前線』大聖泰弘・三井物産編　工業調査会（2004）
・『バイオ燃料－畑でつくるエネルギー』天笠啓祐著　コモンズ（2007）
・『図解 よくわかるバイオエネルギー』井熊均 日刊工業新聞社（2004）
・『「食の安全」心配御無用！』渡辺宏著　朝日新聞社（2003）
・『「食べもの情報」ウソ・ホント』高橋久仁子著　講談社（1998）
・『食品の裏側－みんな大好きな食品添加物』安部司著 東洋経済新報社（2005）
・『食品不安　安全と安心の境界』橋本直樹著　NHK出版（2007）
・『食品添加物事典　総合食品安全事典編集委員会編』産調出版（1999）
・『パソコンで見る動く分子事典』本間善夫・川端潤著　講談社（2007）
・『あやしい健康法』竹内薫・徳永太・藤井かおり著　宝島社（2007）

・『水はなんにも知らないよ』　左巻健男著　ディスカヴァー・トゥエンティワン　(2007)
・『ローマ教皇検死録－ヴァティカンをめぐる医学史』　小長谷正明著　(2001)
・『沈黙の春』　レイチェル・カーソン著 青樹簗一訳　新潮社　(1974)
・『奪われし未来』　シーア・コルボーン著　長尾力・堀千恵子訳　翔泳社　(2001)
・『メス化する自然－環境ホルモン汚染の恐怖』　デボラ・キャドバリー著　古草秀子・井口泰泉訳　集英社　(1998)
・『遺伝子が明かす脳と心のからくり－東京大学超人気講義録』　石浦章一著　羊土社　(2004)
・『カフェイン大全－コーヒー・茶・チョコレートの歴史からダイエット・ドーピング・依存症の現状まで』　ベネット・アラン他著　別宮 貞徳他訳　八坂書房　(2006)
・『死の病原体プリオン』　リチャード・ローズ著　桃井健司・網屋慎哉訳　草思社　(1998)
・『プリオン病の謎に挑む』　金子清俊著　岩波書店　(2003)
・『もう牛を食べても安心か』　福岡伸一著　文藝春秋　(2004)
・『プリオン説はほんとうか?－タンパク質病原体説をめぐるミステリー』　福岡伸一著　講談社　(2005)
・『タンパク質の反乱－病気の陰にタンパク質の異常あり!』　石浦章一著　講談社　(1998)
・『別冊宝島1484　隠された「中国産原料」　食品のカラクリ8　知らずに食べるな!「中国産」』　宝島社　(2007)
・『日本を創った12人(後編)』　堺屋太一　PHP出版　(1996)

・『コラーゲンの秘密に迫る－食品・化粧品からバイオマテリアルまで』 藤本大三郎著 裳華房 (1998)
・『活性酸素の話－病気や老化とどうかかわるか』 長田親義著 講談社 (1996)
・『金属なしでは生きられない－活性酸素をコントロールする』 桜井弘著 岩波書店 (2006)
・『活性酸素』 日本化学会監修 丸善 (1999)
・『酸素のはなし－生物を育んできた気体の謎』 三村芳和著 中央公論新社 (2007)
・『がんを知り、がんを治す－研究最前線と新薬開発』 日経サイエンス編集部編 日本経済新聞出版社 (2007)
・『医薬品の化学と作用』 藤井喜一郎編 薬業時報社 (1993)
・『創薬化学』 長野哲雄・原博・夏苅英昭著 東京化学同人 (2004)
・『医薬品(業界研究シリーズ)』 漆原良一著 日本経済新聞出版社 (2007)
・『細菌の逆襲』 吉川昌之介著 中央公論新社 (1995)
・『超薬アスピリンで成人病を防ぐ』 平沢正夫著 草思社 (1995)
・『神と悪魔の薬サリドマイド』 トレント・ステフェン著 日経BP社 本間徳子訳 (2001)
・『H5N1型ウイルス襲来－新型インフルエンザから家族を守れ!』 岡田晴恵著 角川SSコミュニケーションズ (2007)

ま行

や行

ら行

な行

は行

た行

さ行

か行

索 引

数字・欧文

あ行

著者紹介

◎**佐藤健太郎（さとう・けんたろう）**

1970年生まれ。東京工業大学大学院（修士課程）にて有機合成化学を専攻。1995年からつくば市内の製薬会社に勤務し、創薬研究に従事。その傍ら、1998年よりホームページ「有機化学美術館」を開設し、現在も運営中。2007年退職し、現在フリーのサイエンスライターとして活動している。著書に『有機化学美術館へようこそ』。

HP　「有機化学美術館」　http://www.org-chem.org/yuuki/yuuki.html
ブログ「有機化学美術館・分館」http://blog.livedoor.jp/route408/

知りたい!サイエンス

化学物質《かがくぶっしつ》はなぜ嫌《きら》われるのか
―「化学物質」のニュースを読み解く―

平成20年 7月25日　初版　第1刷発行
平成20年11月10日　初版　第2刷発行

著　者　佐藤　健太郎
発行者　片岡　巌
発行所　株式会社技術評論社
東京都新宿区市谷左内町21-13
電話　03-3513-6150　販売促進部
03-3513-6160　書籍編集部
印刷・製本　株式会社加藤文明社

定価はカバーに表示してあります

ISBN978-4-7741-3517-5　C3043
Printed in Japan

●装丁
中村友和（ROVARIS）

●本文デザイン、DTP
マップス